拉鲁斯奇趣大百科

发明

〔法〕索菲亚·克里泊 / 文
〔法〕热拉尔·盖尔来　劳伦·克林 / 图
高文潇 / 译

湖南少年儿童出版社

LAROUSSE

目 录

你的健康

- 抗生素 ……………………………………………… 4
- 牙齿矫正器 ………………………………………… 6
- 牙刷 ………………………………………………… 8
- 牙膏 ………………………………………………… 9
- 眼镜 ………………………………………………… 10
- 卫生纸 ……………………………………………… 12
- 垃圾桶 ……………………………………………… 13
- 肥皂 ………………………………………………… 14
- 疫苗 ………………………………………………… 16

> 未来的医学 …………………………………… 18

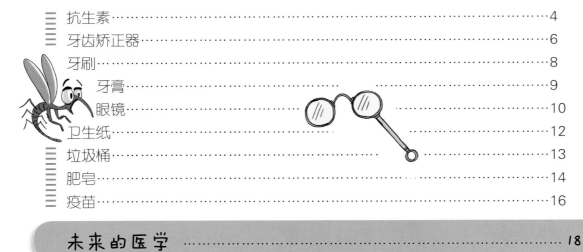

你的娱乐

- 照相机 ……………………………………………… 20
- 足球 ………………………………………………… 22
- 电影和特效 ………………………………………… 24
- 国际象棋 …………………………………………… 26
- 电子游戏 …………………………………………… 28
- MP3 ………………………………………………… 29
- 毛绒熊 ……………………………………………… 30
- 轮滑鞋 ……………………………………………… 32
- 玩具娃娃 …………………………………………… 33
- 滑雪 ………………………………………………… 34

> 未来的娱乐 …………………………………… 36

你的衣服

- 运动鞋 ……………………………………………… 38
- 比基尼 ……………………………………………… 39
- 内裤 ………………………………………………… 40
- 牛仔裤 ……………………………………………… 42
- 胸罩 ………………………………………………… 43

> 未来的衣服 …………………………………… 44

你的学校

- 计算器 ········· 46
- 剪刀 ········· 48
- 胶 ········· 49
- 铅笔 ········· 50
- 墨水 ········· 51
- 书 ········· 52
- 纸 ········· 54

未来的学校 ········· 56

你的饮食

- 糖果 ········· 58
- 口香糖 ········· 60
- 比萨 ········· 62
- 苏打水 ········· 63

未来的饮食 ········· 64

你的通信

- 密码和密信 ········· 66
- 互联网 ········· 68
- 电脑 ········· 70
- 无线电波 ········· 72
- 电话 ········· 74
- 电视机 ········· 76

未来的通信 ········· 78

你的出行

- 飞机 ········· 80
- 摩托车和速克达 ········· 82
- 火车 ········· 84
- 汽车 ········· 86
- 自行车 ········· 88

未来的出行 ········· 90

- 从史前到现在 ········· 92

你的健康　19世纪

抗生素

你得了咽喉炎？中耳炎？百日咳？别怕！医生可能会给你开一些叫作"抗生素"的药。想知道抗生素是什么吗？接着往下看吧！

首先，有了显微镜……

医生在很长一段时间里都不知道有微生物存在。这在当时很正常！因为他们没有好的工具来观察微生物。直到17世纪（也就是距今400年前）显微镜才被发明出来。一开始，它的模样更像是一个**大型的放大镜**。但发展到今天，显微镜可以把微生物放大10000倍。这样，研究员就能清晰地看到微生物的图像！

真疯狂！

微生物（细菌、病毒、真菌）只有一粒沙子的百分之一，甚至万分之一那么大！

然后有了路易·巴斯德！

19世纪，法国化学家**路易·巴斯德**解开了发酵现象之谜。到底什么是发酵？它**是一种物质转化的自然现象**。比如，牛奶发酵产生了酸奶或奶酪，葡萄汁发酵变成了葡萄酒。巴斯德通过研究，证明发酵是由微小的真菌——**酵母**引起的。这个发现是一次真正的革命！它标志着**微生物学**的开始。

你讨厌的细菌，就是这些！

从 1865 年起，巴斯德开始研究传染病。他发现有些传染病是由特定的微生物——细菌引起的。他确认了 3 种细菌的存在：**链球菌、葡萄球菌和肺炎链球菌**。现在，我们知道的细菌有数千种。地球上到处都有它们的身影，它们存在于各类生物的身体里。

你想看细菌的照片吗？

细菌只有一个细胞，对比一下，人体有 100 万亿个细胞呢！细菌的形状各不相同，有球形、杆状和螺旋形。一个细菌就可以进行繁殖，它可以分裂成 2 个、4 个、8 个……然后无限增加！

青霉素——史上第一种抗生素

1928 年，亚历山大·弗莱明，一个英国医生，为了做实验培养了葡萄球菌。等他度假回来，不得了！他发现一部分葡萄球菌被一种微小的真菌消灭了，这种真菌名叫青霉菌。他意识到这种真菌产生了一种对抗葡萄球菌的有效物质，弗莱明为这种物质取名为 Penicillin，即青霉素。然后人们就想到可以大量生产青霉素的办法！

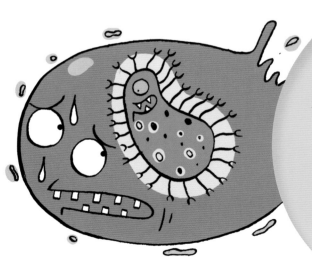

超刁钻的问题！

有好的细菌吗？

有！大多数细菌都是无害的。对生物来说，它们必不可少。跟酵母一样，好的细菌参与多种食物的发酵过程，比如酸菜、醋、啤酒、面包……

你的健康　　18世纪

牙齿矫正器

今天，牙医可以让你拥有明星般的笑容，还能给你的爷爷奶奶打造和天然牙齿一样的假牙！不过，再想一想，是什么时候有了这些绝妙的发明呀？

在古埃及时期，已经有了

真是不可思议！公元前几百年，古埃及人就懂得修补破碎的牙齿。他们把**雕刻成牙齿形状的象牙或木头来当作牙齿**。为了把假牙装上，他们还用上了金线。人们能知道这一点，多亏了考古时发掘的木乃伊。

牛或河马的骨头？

多少世纪以来，牙医使用了各种各样的材料来代替牙齿：河马的牙、牛骨、瓷片、金属……

法国人的发明

第一种真正的牙齿矫正器是一个法国人在1728年制造的，他叫比埃尔·福沙尔。他造了一副**金属弹簧框架固定的假牙**！比埃尔·福沙尔也改进了拔牙的方法。在那个时代，他就用小金属片来固定牙齿，而没有用丝线、亚麻线或金线。他可真是有才！

英美牙医的改进

后来,到了19世纪,英国和美国的牙医继续寻找矫正牙齿的方法。真正的变革来自爱德华·安格尔(1855—1930)。这个美国人确立了现代牙齿矫正器的标准:一组**套在牙齿上的圆环**,圆环之间用金属丝相连,大小和位置都可以调节。

真疯狂!

在18世纪,人们以为龋齿是由进入牙齿的虫子造成的!

看不见的牙齿矫正器!

今天,当你戴上牙套,你的嘴巴不会看起来像一堆废铁了!现在的牙齿矫正器基本上不再使用大的金属环,它们被几乎隐形的**白色陶瓷小环**取代。这些白色陶瓷小环的模样**太小巧啦,有些就像珍珠一样**!为了让牙套更加隐形,牙医也可以把这些小环贴在牙齿内侧,靠舌头那一边。它们发明于20世纪90年代,一直销售至今。成年人很喜欢这种牙套,因为它们完全隐形!

超刁钻的问题!

谁发明了"牙医"这个词?

比埃尔·福沙尔!他想把自己跟那些"拔牙的人"区别开。那些所谓的"拔牙的人"游走于各个城市,装模作样地为患者看病,为了吸引人群,他们还打鼓吹号,就像演员一样!

你的健康 | 15世纪

牙刷

很久以前，人们用树枝清洁牙齿！今天，你有了牙刷，刷起牙来更方便了，不是吗？

牙间小树枝

古埃及人可不笨！他们捡来**小树枝**，然后嚼着树枝尖。这样树枝顶端就会有一束纤维，可以清洁牙齿。再晚一些，古希腊人更喜欢用木头、骨头或贵金属做的细杆，瞧，**最早的牙签出现啦**！

真疯狂！

牙刷的使用直到19世纪才在欧洲普及！事实上，有些医生不信任这种奇怪的毛制品。他们推荐使用树脂与动物脂肪混合的软膏来清洁牙齿。至于软膏的味道，呃，那可不太美味！

超刁钻的问题！

现在，牙刷是用什么做的呀？

有的用尼龙——1938年由美国化学家华莱士·卡罗瑟斯发明的一种材料，还有的使用聚酯纤维（涤纶）。

兽毛做的牙刷

15世纪，中国人发明了最早的牙刷：**一根插上猪鬃毛的兽骨**。这种牙刷16世纪时在法国出现，很快成为一种时尚：有人竟然把它挂在脖子上！1780年，英国人威廉·阿迪斯用牛骨和猪鬃毛做成牙刷大量销售。其他比较少见的牙刷，有的使用马鬃，还有的手柄上镶了宝石。

19世纪

牙膏

如今，你可以在超市买到牙膏。但在从前，牙膏可得由你自己制作！

一点点牛蹄粉？

在古埃及，人们找到很多方法来清新口气和防止牙齿变黑！比如，把水和香树脂混合，再加上**一撮浮石粉、一勺牛蹄粉和一点儿蛋壳碎末**，接下来只要把这种混合物用手指涂在牙齿上就行啦！

真疯狂！

罗马人认为尿能让牙齿变白。他们把尿和香料或芳香植物混合起来。一直到18世纪还有骗子用这种做法来糊弄人！

将所有东西混合起来！

接下来的很多世纪里，希腊人、罗马人和阿拉伯人使用了其他的原料——盐、醋、蜗牛壳、动物骨灰、树皮、蜂蜜、胡椒……来制作牙膏。你根本想不到，在18世纪，**欧洲人甚至打碎了砖头，将其和各种脂肪混合起来制作牙膏**。这真是不可思议！显然，这种"牙膏"会损伤牙釉质。19世纪末，所有的自制牙膏都被工业生产的牙膏取代。

看，现代牙膏！

终于，有一个叫**威廉·高露洁**的人出现了。这个美国人大量生产了**第一批瓶状带香味的牙膏**。那是在1873年，距今不到200年！

超刁钻的问题！

谁发明了金属软管？

一个法国人，1840年，他造出了用锡或铅制成的金属软管，用于日常用的包装。塑料管装的牙膏在第二次世界大战后才出现。

你的健康　　13-14世纪

眼镜

在21世纪，视力问题很容易解决。去一趟眼镜店，好了，你就有了一副架在鼻子上的漂亮眼镜！在中世纪以前，这可就难得多了……

装满水的球

塞内加，公元1世纪的罗马哲学家，他的视力不太好。为了阅读，他在眼睛和文本中间放了一个装满水的球。这个想法是不是很奇怪？但效果出乎你的意料……这是因为在这个过程中，他发现水球有放大作用！

真疯狂！

因纽特人最先发明了"眼镜"，用来抵挡直射的阳光以及在雪地上反射的阳光。这种雪地遮光镜用兽角、骨头或木头做成，只在眼睛的位置开了两条细细的缝！

宝石做的放大镜

很久以后，到了10世纪，阿拉伯学者发现了**打磨的水晶有放大作用**。这种宝石被用来制作"阅读石"：没错，这就是最早的放大镜！很多欧洲修士都会使用这种放大镜。

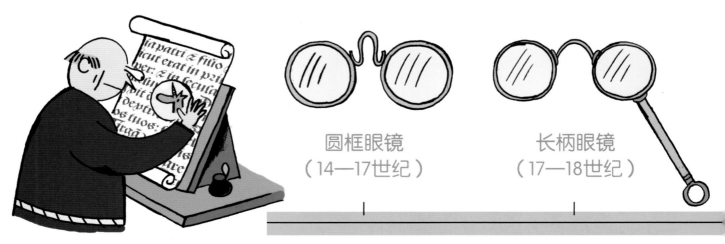

圆框眼镜
（14—17世纪）

长柄眼镜
（17—18世纪）

终于，玻璃被发明出来了！

14世纪，人们制作眼镜时终于不用水晶了！为了看得清楚，近视的人更喜欢使用**意大利人在威尼斯附近的穆拉诺岛上生产的玻璃**。是的！这种精心打磨的玻璃可以让人看得更清楚！一个世纪以后，玻璃制造者又开始生产改善远视的玻璃。

最早的眼科专家

10世纪时，阿拉伯医生的技术领先于欧洲医生！其中，阿维森纳第一个描述了眼睛的构造。阿拉伯人会做眼部手术。他们学会了怎样治疗白内障——这种疾病能侵蚀眼球表面（晶状体），让视力减退。

奇特的眼镜

不知道是谁在哪天想到了一个聪明的办法：在玻璃上加上镜框。是英国修士罗杰·培根？还是意大利人萨尔维诺·阿玛多和亚历山大·达斯皮纳？人们不知道答案！**世界上有过各种各样奇特的眼镜，直到英国眼镜制造商把两支眼镜腿架在耳朵上——现代眼镜诞生了！**

现代眼镜
（18世纪）

夹鼻眼镜
（19世纪初）

单片眼镜
（19世纪末）

2018

你的健康　　19世纪

卫生纸

你对卫生纸太熟悉不过了。每次你上厕所都要用到它，想都不用想。然而，在以往长达几千年的时间里，男人和女人都用不上卫生纸！

什么都能用来擦屁股！

树叶、苔藓、稻草、果皮……很久以前，人们为了擦屁股，总是手边有什么就用什么。**罗马人用喷了玫瑰水的羊毛或是固定在棍子上的海绵**。14世纪，中国人的方法更好：他们造出了有香味的纸。15世纪的西班牙、葡萄牙水手就没这么幸运了，他们只能用**船上的缆绳头**来擦屁股！

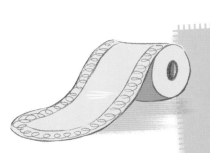

真疯狂！

在15世纪以前，英国王室的屁股是用新鲜的鲑鱼片擦的，因为他们认为鲑鱼有除臭和消痔的作用，但这种奢侈的方式普通人不敢轻易尝试。

柔软的纸张

很明显，以上这些都不够卫生，也不够舒适……1857年，美国人约瑟夫·加叶迪终于找到了解决方法：**药制卫生纸**。这种产品是革命性的，因为它不刺激臀部皮肤！为什么？因为它**浸入了一种以芦荟（用来治疗伤口的植物）为原料的镇静剂**。从那时起到现在，卫生纸的成分就没多大变化！

超刁钻的问题！

宇航员用卫生纸吗？

不用！在太空中，物体都会飘浮着，所以需要特殊的厕所。宇航员小便时会使用一个连着抽水管的漏斗。大便也是同样的原理，他们会使用一根抽气管抽吸粪便。

19世纪

垃圾桶

每次你想扔废纸或是剩饭,最常用的一定是垃圾桶。这在如今是一件特别容易的事情!那以前人们是怎么清理垃圾的呢?

哎哟!扔在邻居家!

在古代,罗马人把他们的垃圾放在城外。中世纪时,巴黎人就没这么讲究了:他们干脆把垃圾从窗户扔出去,倒在街上!

真疯狂!

17世纪,拾荒者回收衣服、头发、破布和兽骨。他们通过燃烧骨头得到脂肪,然后再做蜡烛。他们把头发卖给假发师,把布头卖给造纸商。回收利用一直都存在!

铺路石下的污垢

1185年,为了更好地清理垃圾,法国国王腓力二世下令在巴黎铺砌街道,挖掘沟渠。1531年,政府禁止在街上养猪和兔子,但巴黎人不遵守法规……巴黎仍然很脏,臭气熏天!

超刁钻的问题!

法国的第一个垃圾回收处理中心是什么时候出现的?

1896年!法国第一个处理中心,经欧仁·普贝尔同意建成,位于巴黎地区的圣图安。

以普贝尔名字命名的垃圾桶

幸好,欧仁·普贝尔(poubelle)来了!这位塞纳省省长规定每所房屋的主人都应向其房客提供**垃圾专用容器**。人们特别不满,就在垃圾桶上写下了省长的名字!

你的健康 公元前2500年

肥皂

为了洗澡，人们已经使用山羊或绵羊的油脂做的肥皂很久了！

最早的肥皂配方

这个配方来自公元前2500年，是苏美尔人（美索不达米亚的一个民族）发明的：一点山羊或绵羊的油脂，再加上草木灰，肥皂便做好了！很明显，这种原始的肥皂没有香味，还有点儿软……人们用它来洗羊毛或治疗皮肤病。

真疯狂！

2013年，两个非洲大学生做出了一块驱蚊皂！这项发明很有用，因为它能预防疟疾——一种由吸血的昆虫传播的严重疾病。

搓一下死皮？

古希腊人不知道肥皂这东西。他们把水、沙子、浮石混合起来擦洗身体。这对搓死皮很有用！罗马人更爱在身上涂橄榄油，奴隶再用刮身板来给他们擦身体。刮身板是一种小镰刀状的刮刀。

超刁钻的问题！

法语里的肥皂这个词，Savon，来自哪里？

不是很确定。它可能来自意大利的萨沃纳城（Savona）。有一个古罗马传说，讲的就是罗马人宰杀动物祭祀时，动物油脂滴落到草木灰里，形成"油脂球"，罗马人就用这种东西洗衣服。也有历史学家认为，Savon 来自高卢语中的"sapo"，这个词指的是一种洗发皂。

最早的硬质肥皂和香皂

很多民族长期使用的都是膏状肥皂。直到公元 10 世纪，阿拉伯人通过加入一种海边生长的植物的提取物，做出了较硬的肥皂。13 世纪时，英国人发明了最早的香皂。他们把香皂放在小木碗里，很漂亮！

马赛皂

中世纪就有马赛皂啦！它不是用动物油脂做的，而是由橄榄油制成。1791 年，法国化学家尼古拉·勒布朗改革了马赛皂的配方。他的配方中加入了**海盐**。马赛皂越来越有名并出口到国外！今天，大部分的肥皂不再用天然原料，而是由**石油**的提炼物制成！听上去很震惊，是不是？

洗发水

最早的洗发水是英国人在 18 世纪发明的，他们受到了印度人的启发——印度人习惯用鲜花精油来按摩头发，来增加头发的光泽。

你的健康 — 18-19世纪

疫苗

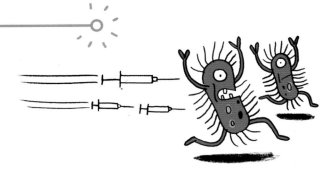

一个多世纪以来,疫苗拯救了世界上无数人的性命。就算你不喜欢打针,也别忘了去医生那儿接种疫苗!如果你想知道疫苗到底是什么,就从这里看起吧……

天花,一种非常严重的疾病

以前,天花杀死了很多人。这种传染病不仅会引起**发热**,还会让人的身上长起大量**脓包**!唉!多少世纪以来,医生对此都束手无策。

农民很幸运!

18 世纪末,一个叫爱德华·琴纳的英国医生,发现了一个惊人的现象:农民如果得过**牛痘**(一种牛的疾病),就不会再得天花!这怎么可能?爱德华认为,只有一种解释:牛痘是一种与天花类似的疾病,但是没那么严重,得过这种病之后,农民的身体就会产生**防御机制**来抵抗天花!

超刁钻的问题!

如何生产疫苗?

首先研究要预防的疾病病毒(比如某种流感病毒)。研究人员在实验室里培养病毒,弄清它的作用原理和对身体的影响。他们去除这种病毒的危害,用其制成第一支疫苗。然后,医生在动物身上用疫苗做实验,再在志愿者身上做实验。这些实验能确定疫苗是否有效!确定其有效之后,还需要拿到销售许可证。

成功的实验！

为了证实这个推测，爱德华做了一个实验。他在詹姆斯·菲普斯的皮肤上划了几道伤口，接种上牛痘浆。爱德华重复了几次，直到他的实验者得了牛痘。这个8岁的小男孩从没得过天花。一段时间之后，詹姆斯和感染天花的孩子频繁接触。**他安然无恙！** 爱德华的实验成功了：通过接种牛痘病毒，詹姆斯的免疫系统终于**产生了针对天花的特别抗体**，能阻止天花病毒入侵。接种疫苗的原理产生了！

你知道吗？

疫苗可以预防由病毒引起的疾病，比如麻疹和腮腺炎。病毒与细菌（见第5页）不同，需要宿主细胞才能繁殖。病毒首先进入这个细胞，然后控制它，命令它帮助自己繁殖。其实，病毒才是个大投机家……

史上第一支人工疫苗

一个世纪之后，法国化学家**路易·巴斯德**（见第4页）接手了爱德华·琴纳的工作。1885年，他研究出第一支人工疫苗（指在实验室研制的疫苗）：**狂犬病疫苗。** 今天，狂犬病、天花还有其他一些重大疫病都因为疫苗而停止肆虐了！

未来的医学

你知道吗？有些医院已经用机器人来照顾病人啦！

卫护代替小孩去上学

得了重病，如何不缺课呢？有一个解决办法：派一个机器人代替他！美国科学家针对这个问题，研发了卫护。这个小机器人由远程计算机操控，可以用两个轮子移动，用摄像机和话筒录下它周围发生的一切。不仅如此，它的显示屏还能让你不出房间就可以和老师、小伙伴们实时互动！

我的护士叫HOSPI-R

它们身高1.30米，体重120千克，永远不会觉得疲惫！2013年起，这种名为HOSPI-R的机器人穿梭于日本各家医院。它们的工作包括打扫房间、拿药、把病人放在床上或者为他们洗头！

人形机器人的胳膊和腿

哈尔，这是日本的生化人公司为他们的外骨骼机器人取的名字。外……什么？跟我说一遍：外骨骼机器人，它是一种电动的骨骼机器人，人们可以将它穿戴在身上。它们用来做什么？比如，帮助老人或残疾人走路、搬运重物等。哈尔通过皮肤上连接的传感器来工作。起初，这些外骨骼机器人是为军队发明的，利用它们可以大大增强士兵的战斗力！

人造眼球

美国科学家研发了一种眼镜,可以让盲人重获光明。这种眼镜使用摄像头和远距离传感器摄像,然后将图像传送到身上背着的电脑里。**电脑处理图像,加强物体轮廓,通过植入头部的芯片将图像传送到大脑。**戴上这个眼镜会看到什么呢?答案是由光点组成的身影和形状!

注意,独家新闻!

你知道怎样接种疫苗不会痛吗?

有这样的疫苗接种方法,让你在接种的时候不用害怕**疼痛**!澳大利亚生物医学工程师马克·肯德尔,造出了一种纳米贴片。这种纳米贴片大小为1平方厘米,含有几千个微小的针头,上面都覆盖着干燥的疫苗。只要将它贴在**皮肤上轻轻按压1分钟**,就可以让这些微小的针头深入皮肤,把疫苗递送进身体。听上去不错吧!

一种不留疤的超级胶

法国科学家最近研发了一种"胶",几秒内可以让很深的**伤口愈合**!也许我们将来再也不需要用线缝合伤口,再也不用担心会留下丑陋的伤疤!

绷带里有虫子!

呃!其实,古代就开始用昆虫来清理伤口了!如今,人们用的是苍蝇的幼虫。它们会吃掉伤口的腐肉,又不破坏纱布!

未来的医学

| 你的娱乐 | 19世纪 |

照相机

今天，没什么比用智能手机拍照更容易的了！一个半世纪前，想有张肖像的唯一方法就是求助于画家。听上去太不可思议，对吗？

一开始，有绘画

从史前起，人类就在寻求再现世界的方法。开始，他们在山洞的岩壁上用天然颜料作画，后来使用了各种材质的画布（木头、帆布……）和涂料（铅笔、水彩、植物油……）。

暗箱：照相机的起源

16世纪，有些画家作画时使用了一种惊人的工具——"暗箱"。它是一个箱子，上面有个镶着透镜的小孔，可以让光进入。在箱子里放入一个物体时，物体反射的光线经过小孔，把它的影像反向投射在箱子对面的墙上。要复制这个图像，只需要把它描在画布上就可以！超级容易！

真疯狂！

第一台数码照相机是1975年美国人发明的。它重达3.6千克，跟一个烤面包机一样大！今天，最小的数码照相机只有14克，5厘米长！

早期摄影

到了 19 世纪，发明家开始研究怎样把在暗箱中形成的图像固定在某种载体上。最先做到这一点的是法国人尼瑟福·尼埃普斯，然后路易·达盖尔加以改进，发明了**银版摄影机**。银版摄影指通过光敏化学物质，在铜板上形成黑白照片。银版摄影机非常成功，但它有个大缺点：要拍照的人必须在镜头前待半个小时，连动都不能动一下，不然照片就会糊掉！

自拍的风行

自拍，指用智能手机给自己拍张照片。人们可以通过社交网络将其发给朋友。如今人人都爱自拍，包括教皇和国际空间站的宇航员！

现代摄影

银版摄影机使用起来很复杂。很快，摄影师尝试了其他载体。1880 年，美国人乔治·伊士曼发明了**胶卷**。这种**赛璐珞**（史上第一种塑料）做的载体是一种革新，因为使用胶卷的**相机可以放在口袋里**。拍照变容易了，小孩也可以轻松操作！现代摄影就此诞生了……

超刁钻的问题！

谁拍了第一张彩色照片？

是一个英国物理学家，他叫詹姆斯·克拉克·麦克斯韦。1861 年，在麦克斯韦的指导下，人类的第一张彩色照片诞生了。然而，最早的彩色胶片是电影发明人卢米埃尔兄弟在 1903 年制作的。

你的娱乐　20世纪

足球

在合成材料发明之前，球迷们得自己做球。猜猜他们用的什么材料！

用猪皮，还有好多你意想不到的材料！

埃及人、阿兹特克人、中国人、因纽特人、日本人、欧洲人……好多民族从古代就开始踢球了。起初，球用天然材料制成：在猪皮或狗皮里装上羽毛或头发，在海豹皮里塞满苔藓，叶子揉成卷包在布里……各种做法都有！人们甚至发明了这样一种球——涂着乳胶的木球或石球。

真疯狂！

2012年，美国哈佛大学的学生发明了一种环保足球。只要踢球半个小时，它就可以蓄积能量，再把足球与电灯连接，它的能量就能转化为电能，足够照明3小时！

球终于弹起来了……一点点

中世纪，哈巴斯托姆（一种类似于足球的游戏）玩家发明了一种可以弹起来的球——**充满空气的猪膀胱或牛膀胱。**对，你没看错……膀胱就是身体里储存尿液的"袋子"！随着时间的推移，这个不是很圆的球在逐步改进。人们在球上套了一层皮，让它更结实。但有一个小问题：球进水后，重量超过1千克！不过这种问题在20世纪消失了，球的皮上又覆盖了一层防水的塑料薄膜。今天，不论下雨还是下雪，足球最多只有500克！

黑白相间的球,可以在电视上看清楚!

一直到20世纪中期,足球都是棕色的,那是皮革的本色。直到有一天,早期的黑白电视要转播比赛。是的!为了让电视观众看清足球,人们把它涂成了白色。黑色加入得要晚一些,在1972年的世界杯期间,生产商阿迪达斯设计了黑白相间的足球!

超刁钻的问题!

谁创立了最早的足球俱乐部?

最早的足球俱乐部由英国人在1857年创立于谢菲尔德(英国北部的一个城市)。法国的第一个足球俱乐部是1872年在勒阿弗尔创立的,奇妙的是,这个俱乐部还是由英国人创立的!

足球曾是一种奢侈品

今天,足球由合成材料制成,价格不贵。100年前可不是这样,通常,一个工人要工作两个月才能买得起一个足球!

你的娱乐　19-20世纪

电影和特效

今天，你觉得在银幕上看会动的影像很正常。一个世纪以前，那是一场超凡脱俗的表演，还带着一点儿魔力！

啊，会动的影像！

自摄影发明以来，人们就用它来研究运动。法国人艾蒂安-朱尔·马雷和美国人埃德沃德·迈布里奇以几秒为间隔，对正在步行或奔跑的某个对象（人或动物）连拍数张照片。从头到尾连着看这些照片，给人的感觉就像是那个对象动起来了，像一本手翻动画书！

活动电影放映机，电影的雏形

这些经验启发了美国人托马斯·爱迪生，他在1891年发明了活动电影放映机。机器类似木柜上面嵌着一块镜片（透镜），从这个小窗里可以看到高速转动的图像。这些胶片上的图像并不是真正的电影，但因为它们转得很快，看起来就像在动一样！

超刁钻的问题！

谁发明了最早的特效？

是乔治·梅里爱，一个法国人。这位魔术师明白，他可以利用电影制造各种各样的"玩意"来吸引观众。在他的短片里，能看到一位女士从图片上消失，紧跟着取而代之的是一副骷髅！

最早的电影：简短、无声、黑白

活动电影放映机并不能在银幕上放映电影。奥古斯特·卢米埃尔和路易·卢米埃尔发明了电影放映机，一切都改变了。当然，他们最早的电影，1895年12月28号在巴黎上映，跟《少年派的奇幻漂流》无法相比……这些电影没有声音，是黑白电影，而且片时还很短！它们只展现了一些场景，例如一辆进入车站的火车。今天，这些影像看起来很平庸，然而在当时，有些观众真的以为火车要朝他们冲过来了！

真疯狂！

为了给电影上色，电影史上最早的导演找到了一种十分有效的技术：他们手工给胶片上色，一张接一张！这项细致的工作得做好几个小时，但成果喜人。

非常特殊的特效！

早期电影中已经存在特效，导演采用了视错觉、模型、绘景和缩微模型，例如电影《金刚》。今天，使用数字技术可以让演员的脸变形，也可以在背景中插入虚拟图像。一切皆有可能！

电影大事记

1906年：第一部黑白动画电影诞生。

1928年：米老鼠诞生。

1929年：第一部有声电影上映。

1932年：第一部彩色电影上映。

1995年：第一部完全使用计算机制作的动画电影《玩具总动员》上映。

你的娱乐　　中世纪

国际象棋

你可能在学校或俱乐部里发现了国际象棋。你知道它曾经是一种战略游戏吗?

神秘的起源

关于国际象棋,有好多传奇故事!有的说一位印度贤者发明了国际象棋,供国王消遣;有的说希腊将军帕拉墨得斯在公元前1240年发明了国际象棋,用来振奋士气……**事实上,国际象棋源自恰图兰卡。这是公元6世纪在印度出现的一种战略游戏。**恰图兰卡就是在一块有64格的平板(棋盘)上玩的,不过还要掷骰子。它的4种棋子象征着一支军队:步兵、大象、战车和骑士。

象、后与车

国际象棋大约在1000年前传入欧洲,多亏有阿拉伯人,大家都会玩:国王也好民众也好,甚至还有人组织棋局来赌钱。渐渐地,游戏中的棋子变样了:后(皇后)取代了阿拉伯人用的仕(宰相),阿拉伯人用的大象变成了今天国际象棋中的象(英国称为"主教",法国称为"小丑"),阿拉伯人用的战车变成了今天国际象棋中的车(英语和法语中称为"城堡")。棋盘变成了黑白格……其实,欧洲的国王是按自己的认知命名棋子的:王宫里有皇后,还有逗人开心的小丑,王宫之外还有城堡,等等。17世纪(路易十四时期)时,国际象棋的游戏规则最终确立,19世纪时,棋子变成了现在的模样。

你知道吗?

1997年,著名的国际象棋冠军加里·卡斯帕罗夫输给了美国IBM工程师开发的超级电脑深蓝!从此以后,擅长游戏(国际象棋或其他游戏)的特殊计算机越来越多。

真疯狂!

据称查理大帝的国际象棋棋具非常庞大:棋子是用象牙做的,最大的超过15厘米,王的重量约1千克!这副象棋十分古老——造于11世纪。你可以在法国国家图书馆里看到它。

据说这是别人送给查理大帝的礼物,其实不是,查理大帝根本没下过国际象棋。

你知道吗?

法语中吃掉对手的王时说的"将军"源自一个阿拉伯短语,意为"国王死了"。

超刁钻的问题!

国际象棋有哪些棋子?

每个棋手有 16 枚棋子,这些棋子代表他的王国:1 王、1 后、2 车、2 象、2 马和 8 个护卫(兵)。游戏的目标是吃掉对手的王。

王可以走到围绕着它的任意一格。

只能向前直走,每次走一格。但第一步时,可以走两格。它还可以吃掉对角线上对手的棋子。

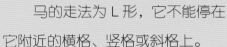

象只能斜走,步数不限。

马的走法为 L 形,它不能停在它附近的横格、竖格或斜格上。

车可以横走或直走,步数不限。

象、后和车不能越过其他棋子。

后

可以横走、直走或斜走,步数不限。

你的娱乐　　20世纪

电子游戏

你可能认识马里奥、刺猬索尼克或者吃豆人……这些形象是在电子游戏里诞生的，而电子游戏50年前才被发明出来！

唉，屏幕上的像素……

第一个电脑上的电子游戏于1962年在美国诞生。它叫《太空战争》，是一个大学生设计的。这个游戏很简单，玩家们在屏幕上看不到人，也看不到布景，只看到像素（点）！

连接在电视上的游戏机

20世纪70年代，一个美国人把电子游戏装到了酒吧里的付费机器上。这是最早的街机游戏，很成功！后来，电子游戏可以用与电视、微型计算机连接的游戏机来玩。这种游戏机深受大众喜爱，因为它可以在家里玩。

越来越复杂的电子游戏

20世纪90年代起，电子游戏变化很大。3D（立体）绘图软件可以创建一个虚拟世界，里面的布景和人物都越来越写实。有了互联网，网络游戏也发展起来了，有些游戏甚至聚集了全球各地无数的玩家！

电子游戏大事记

1989年：Game boy 游戏机，第一个掌上游戏机，它需装电池。

1995年：Playstation 游戏机上有了第一款3D游戏。

2005年：DS，第一个两个玩家可以同时远程操作的游戏机。

2006年：Wii，第一款配有动作感应器和无线通信的游戏机。

2007年：最早的手机游戏。

MP3

这个奇怪的名字下藏着什么呢？这是一种技术手段，可以让你在手机或随身听上听音乐！

声音，是什么？

从前，录音是不可能的，因为人们不清楚声音的原理。后来人们发现了声音是如何形成的：物体的**振动引起空气分子的振动，从而产生了声波**。你听到声音，就是你的耳朵接收到了声波！

真疯狂！

最早的唱片只能录入两首歌曲。今天，一个数码随身听能容纳数千首歌曲！

留声机

托马斯·爱迪生和爱米尔·贝利纳分别发明了**圆筒式留声机和唱盘式留声机**，人们可以听录音了。唱盘式留声机是最早可以播放唱片的设备。当时，唱片是金属做的！20世纪，唱片由乙烯基（塑料）制成。

还有CD和MP3！

今天，录音采用数字设备，声音被转化为数字信号！激光可以读取CD（英语Compact Disc的缩写，中文名为激光唱片）上的数字信号。MP3是可在电脑上下载数据的小型电脑。你想问它的特点？它的里面装着压缩后的音乐！对的！MP3的发明者消除了音乐文件中人耳听不到的声音频率，只保留了能听到的部分。这就是你能下载那么多音乐的原因！

你的娱乐　　20世纪

毛绒熊

你知道小熊维尼吗？有个英国作家正是看着儿子的毛绒熊，才想出了小熊维尼的故事！

绝妙的想法：动物形状的玩具！

今天，每个小孩都觉得拥有动物形状的毛绒玩具很自然。然而它们出现的时间并不早。19世纪末，玛格丽特·史泰福，一个年轻的德国裁缝，在商品目录上看到**一个毛毡小象的图样**。她决定缝制出来，看看客人会不会喜欢……结果很成功！在家人和朋友的支持下，她制作并销售了几百只毛绒玩具：马、兔子、猫、猪……

真疯狂！

最古老的毛绒熊深受收藏家喜爱。2010年，600只毛绒熊收藏品在拍卖会上卖出了50 000欧元的高价！

一只比真熊更真的熊！

1902年，玛格丽特的侄子理查德·史泰福，在德国的斯图加特动物园画了一些熊的速写，带回去给她。理查德特别喜欢熊，他深信他姑姑可以做一只玩具熊，孩子们会争着抢着要它。为了让小熊显得更真实，他们决定使用**羊毛和可以活动的四肢**。这是历史上第一只毛绒熊！史泰福熊现在还在生产，深受收藏家喜爱。

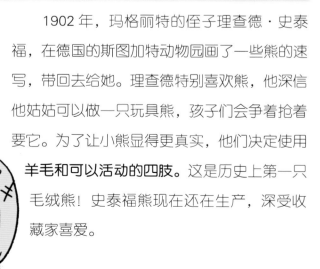

你知道吗？

2008年，史泰福品牌设计了一款以著名服装设计师卡尔·拉格斐为原型的毛绒熊！

那么，泰迪熊呢？

毛绒熊还有第二个诞生国：美国。1902年，一对美国商人夫妇，露丝和莫里斯·米奇汤姆，在报纸的漫画上看到了当时的美国总统西奥多·罗斯福，他的外号就叫"泰迪"。这是记者们在嘲笑他，因为在一次打猎中，西奥多拒绝射杀一只没有抵抗力的小熊！这个故事让露丝和莫里斯决定做一只毛绒熊。他们为它取名为"泰迪"，向总统致敬。著名的"泰迪熊"由此诞生了！

熊，孩子们的主角

毛绒熊给艺术家们带来了灵感！1926年，英国作家艾伦·亚历山大·米尔恩看着儿子的毛绒熊想出了小熊维尼的故事。帕丁顿熊，是另一个英国作家迈克尔·邦德在1958年，根据他送给妻子的毛绒熊创造的形象！

你的娱乐　　18世纪

轮滑鞋

人们经常觉得轮滑鞋和四轮溜冰鞋是在20世纪发明的。错了……它们已经存在250年啦！

失败的示范

1760年，比利时发明家若瑟夫·梅兰，在某个节日当天轰动一时。他的脚下固定了**两块装有金属滚轮的木板**，这就是已知最早的轮滑鞋。为了震撼在座的宾客，他向他们的中间滑去。不过，很快就出事了！他失去了平衡，在一面大镜子上撞破了头！

轮滑表演

虽然有这样混乱的开头，轮滑鞋在欧洲和美国还是风靡起来。人们组织了越野轮滑，修建了专门的练习室（第一个轮滑场于1866年开设于纽约），舞者们设计了轮滑表演和**杂技动作比赛**……1849年，穿着轮滑鞋的演员第一次在巴黎登台，表演了歌剧《先知》！

真疯狂！

19世纪的轮滑鞋跟现在的四轮溜冰鞋很像：它们的轮子排成直线，还有刹车系统！

轮胎冰鞋

随着时间的流逝，轮滑鞋不断完善。1863年，美国人詹姆斯·普林顿发明了可以转弯和后退的轮滑鞋。轮子不再是用木头或金属制成，而是用塑料制成。1987年，自行车生产商想到了用轮胎来做轮滑鞋！如今，轮滑鞋有几十种型号，小孩和大人都可以挑选！

古代

玩具娃娃

你可能在房间里放了一两个玩具娃娃。你知道这是人类最古老的发明之一吗?

四肢可以活动的希腊娃娃

孩子们一直都在玩娃娃。人们在古埃及、古希腊和古罗马的墓穴中找到了用**骨头、木头或是陶土**做的小雕像。那时有些娃娃的四肢就已经可以活动了!后来,很多其他的材料也用于制作玩具娃娃,比如皮革、布、蜡、瓷、赛璐珞……

真疯狂!

18世纪,法国女裁缝想到了一个向住得远的顾客展示新一季时装的好办法:她们给客人寄去一些玩具娃娃,这些娃娃身着她们做的连衣裙和帽子的缩小版。

两副面孔而不是一副!

19世纪,欧洲人发明了灵巧的机关来完善娃娃:会动的眼皮,头部可以转动,并且还有两张脸(睡着或醒着的时候)……1880年之后,有的娃娃就会叫"妈妈"了!

来自日本的婴儿娃娃

从前,娃娃们一直被设计成女人或3到5岁的孩子的样子。19世纪70年代起,一种新的时尚席卷欧洲:**婴儿模样的娃娃!**日本人设计了这种最早的婴儿娃娃!

超刁钻的问题!

谁发明了芭比娃娃?

是美国人露丝·汉德勒。自从芭比娃娃于1959年诞生以来,已经在世界各地卖出无数个。有些是以明星为原型设计的(比如碧昂斯、嘎嘎小姐),有些穿着像克里斯汀·拉克鲁瓦这样著名的服装设计师专门为它们设计的衣服!

你的娱乐　　古代

滑雪

滑雪在成为一种运动之前，更多的是一种交通方式。它在19世纪来到法国，由挪威人和军人传入！

史前的滑雪

有人惊叹地说，史前人类已经在滑雪了！或者说，那比较像滑雪吧。为了能在雪地上移动得更快，也为了追赶猎物，他们"穿着"**大木板**。人们知道这一点是因为在俄罗斯发现了公元前 6000 年雕刻在石头上的滑雪人体抽象图。

真疯狂！

20世纪初，挪威人比法国人更懂滑雪。那时在阿尔卑斯山上的霞慕尼，挪威人从坡上全速滑下，还将积雪的谷仓顶当作跳台！霞慕尼人不敢相信他们的眼睛！

一种北欧特色

最古老的滑雪板在挪威、芬兰和瑞典都有发现。在其他地方，在那些气候温暖的国家里，人们并不懂滑雪。正常！他们不需要，哪怕是在山上。为了出行，山里人会穿**防滑鞋或雪鞋**，这样登山更方便。

回旋——一种革命性的技术！

19世纪时，得益于木匠桑德·诺汉的发明，滑雪在挪威成为一项真正的运动。他发现了在缓坡上滑雪的方法！怎么做？他把滑雪板缩短、磨尖，在滑雪板上固定鞋时不固定鞋跟，也因此发明了一种滑降时旋转的技术：**回旋**。这种技术现在还有！

滑雪上了报纸头条

1888年，挪威探险家**弗里乔夫·南森滑雪穿越格陵兰岛**，路程达500多千米。他的事迹登上了各国报纸的头条。滑雪在欧洲和美洲终于出名了！

法国第一所滑雪学校是军人开的！

弗里乔夫·南森启发了法国军人。他们请来挪威人教滑雪。20世纪初，他们创办了自己的滑雪学校。面对所有人开放的法国滑雪学校于1937年才开设。今天它是世界上最大的滑雪学校！

超刁钻的问题！

高山滑雪是什么时候诞生的？

19世纪末，那时奥地利人马斯亚·泽但斯基缩短了滑雪板，这样更适合在阿尔卑斯山的陡坡上转弯。他还发明了一种金属固定装置，把鞋跟固定在滑雪板上。太棒了！

未来的娱乐

你知道"黑夜之球"吗?"kin-Ball"呢?这些体育运动是在几年前才发明出来的!

打一局星球大战式的球赛!

"黑夜之球"是德国人在21世纪初发明的。它和羽毛球很像,**但打球时有音乐伴奏,而且要在黑暗中进行!** "黑夜之球"聚会看起来非常震撼,因为玩家的脸和衣服、球场、球拍和羽毛球都涂上了荧光图案或线条!这感觉像是《星球大战》里的光剑决斗!

巨人之跳

弹簧单高跷由德国人乔治·汉斯伯格发明于1919年。2000年,两个美国人对它进行技术改革后,它又在美国流行起来。像滑板一样,弹簧单高跷可以让肢体灵活的人做出不可思议的动作,**还能空翻3米多高!**

注意,大新闻!

模拟动物

卡拉里帕亚特跟柔道还有中国功夫一样,是一种武术。它于6世纪发明于印度,但最近才在法国发展起来。**它的招式模仿了8种动物的姿势**,这8种动物分别是大象、狮子、蛇、野猪、孔雀、猫、公鸡和鱼。你喜欢哪一种?

当心球!

"Kin-Ball"是加拿大魁北克城人马克奥于1986年发明的,"Kin-Ball"比赛需要3支4个人的球队和**直径1.22米的球**!每支球队轮流用身体的任意部位触球,7分钟内不能让它落地!

2050年的运动

既虚拟又真实!

有了游戏机,没有网球场也可以打网球,没有球也可以打保龄球。2050年,电子游戏会发展得更加先进,通过"虚拟现实"的头盔和动作传感器,**你会看到身边有一个虚拟世界,你能感受到它的存在并且完全投入其中!** 例如,如果你想在自然中奔跑,身边就会出现一片虚拟森林(实际上,你是在游戏配套的传送带上奔跑),如果你想游泳,就会出现一个虚拟游泳池!

全息电子游戏!

全息图,是不用戴专门的眼镜就可以看到的3D投影图像。最近工程师已经找到让全息图动起来的方法。在不久的将来,人们甚至能"触摸"到全息图像,或是跟它们玩耍,因为它们将来要实现跟人的互动。说不定有一天,你在客厅里就可以进行篮球比赛呢!

未来的娱乐

你的衣服　20世纪

运动鞋

你知道吗？一个美国人受到华夫饼模具的启发，才发明了历史上第一双运动鞋！

脱光光的马拉松运动员

直到19世纪，都没有专门的跑鞋。运动员最多会穿上柔软的皮鞋。古希腊时，马拉松运动员甚至全裸赛跑，连鞋都不穿！

一个发现：橡胶

18世纪，欧洲人在美洲发现了"会流泪的树"——橡胶树。**橡胶树分泌出一种柔软的物质——橡胶**，印第安人用它来制作球、玩具、防水的鞋底……法国探险家夏尔·德·拉孔达明马上发现了其中的商机！于是他带了一些样品回国。

真疯狂！

1960年的罗马奥运会上，埃塞俄比亚运动员阿贝贝·比基拉拒绝穿阿迪达斯提供的运动鞋，赤脚跑完了马拉松比赛。他不但脚没疼，还拿到了冠军！

美国人的一个点子

1868年，一家美国公司**生产了最早的橡胶底运动鞋**。然而，还要再等等才会出现真正的跑鞋。1972年，美国人比尔·鲍尔曼（耐克创始人之一）设计了第一款鞋底有突起物的跑鞋，这样的鞋底可以减震。他是怎么做到的呢？他从**妻子的华夫饼模具**那里得到了灵感！

比基尼

想象一下，一个世纪前，女人基本不会在沙滩上露出肚脐！后来有了比基尼，而这种泳衣刚被设计出来就引起了公愤。

全副武装去游泳！

19世纪，也就是你的曾曾祖母生活的年代，当时禁止女人展现身体。哪怕是游泳也不行！她们穿的泳装包括连衣裙、灯笼裤、长袖衬衣，有时还要戴一顶软帽！**这样游泳可不方便**：这身衣服湿了以后，重量可达3千克！

真疯狂！

2001年，演员乌苏拉·安德丝在电影《007之诺博士》（1962年）里穿的比基尼拍卖出51 000欧元！这是5辆雷诺Twingo的价格！

一种新时尚：晒黑

到了20世纪，女人得到解放，因为她们工作了，开始参加运动会。20世纪20年代，著名的服装设计师可可·夏奈尔，让**晒黑成为时尚**。一片式泳衣也因此诞生了，女人可以露出手臂、肩膀和腿。

曾经的羞耻！

1946年，法国人路易斯·里尔德设计出一种露出肚脐的两件式泳衣——比基尼。当时**这是一起惊天丑闻**！连他的模特也拒绝穿！有几个国家甚至禁止穿比基尼。后来，比基尼逐渐变得可以接受，因为很多女演员将它推广开来！

超刁钻的问题！

"比基尼"这个词从哪儿来的？

这是太平洋上一个环礁的名字。1946年，美国人在比基尼环礁进行了核试验！路易斯·里尔德特意为他设计的泳衣选了这个当时特别有名的名字。

你的衣服　20世纪

内裤

不可思议！内裤的历史只有100多年。以前，女人的臀部几乎是在裙子里光着！

Culotte——是男子穿的！

以前，女人的裙子里面只穿着衬裙，没有内裤！至少，不是完整意义上的内裤。在法语里，内裤叫"culotte"，其实，以前有"culotte"这种衣服，但那是指男士裤子，而不是指女士内裤。那时的"culotte"**类似于七分裤或短裤**。只有男性贵族才会穿这种短裤，配套的是丝质长筒袜和有搭扣的鞋子。

你知道吗？

法国大革命时，为了与贵族相区别，革命者穿条纹长裤而不穿紧身短裤。这就是为什么人们称他们为"没有紧身短裤的人"！

女孩裙下的衬裤

19世纪，科学的发展让人们开始思考卫生问题。让臀部光着真的合理吗？于是女人穿上了短裤。她们把短裤穿在裙子和多层衬裙之下！**女式衬裤**用亚麻或羊毛制成，**裤长至膝盖**，用带子在膝盖处束紧。为了更好看，人们给它加上了花边、荷叶边还有各种其他装饰！

你知道吗？

女式衬裤的裆部不是完全缝合的，它有一个小口子，当要小便时不用将它脱下来！

真疯狂！

几年来，科研人员一直在研发清凉内衣！热的时候，它能让人感受到清凉，因为衣料里藏着一种特殊物质！

法国人的一个主意

20世纪初，裙子越来越短，裙子下边再也不穿衬裙和衬裤了！女士们喜欢穿一种新式内裤：**丝绸或平纹细布做的连衫衬裤**。连衫衬裤类似于一件衬衣以及一条短裤，可以遮住臀部和大腿上部。后来，1918年，**法国人埃蒂安·凡尔登想了个主意**，剪掉女式棉质衬裤的裤腿：终于，小内裤诞生了！一开始，只有孩子穿，20世纪50年代起，女士长裤的流行和迷你裙的出现让女人们最终也接受了它！

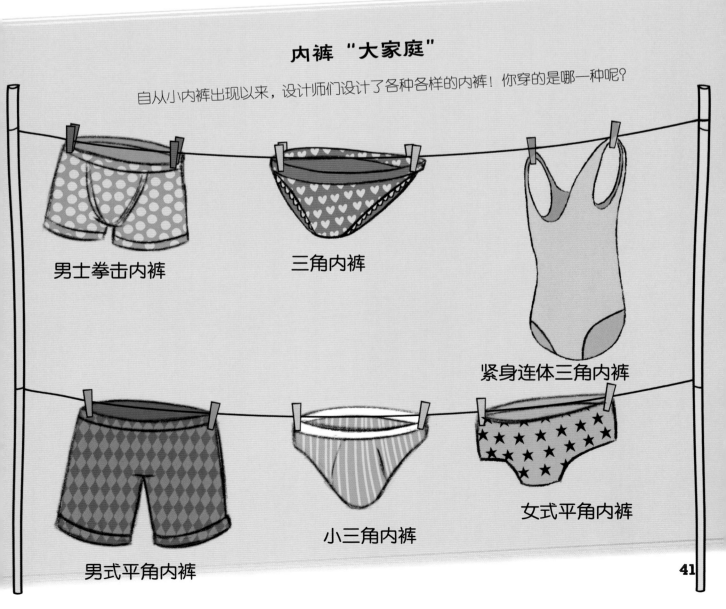

内裤"大家庭"

自从小内裤出现以来，设计师们设计了各种各样的内裤！你穿的是哪一种呢？

男士拳击内裤　　三角内裤　　紧身连体三角内裤

男式平角内裤　　小三角内裤　　女式平角内裤

你的衣服　　19世纪

牛仔裤

和大多的小伙伴们一样，你的衣柜里肯定有一条牛仔裤！你知道这种不过时的裤子是由淘金者设计的吗？

牛仔的长裤

1847年，李维·施特劳斯来到纽约。接着，他又去了加利福尼亚。当时，正是淘金热时代。为了寻找金矿，几千个淘金者露宿在河边。通过对他们的观察，李维有了一个想法：他要用**做帐篷用的帆布**做长裤。实验很成功！因为耐磨，人人都想要这种裤子，包括淘金者、牛仔、工人……

一种来自法国的蓝色帆布

为了满足顾客的需求，李维用法国尼姆产的帆布代替了做帐篷用的普通帆布。这种布料是蓝色的，因为它由一种植物——**蓝草**染织而成。李维的长裤和现在的蓝色牛仔裤很像了。

真疯狂！

20世纪50年代，美国有些学校禁止学生穿牛仔裤。老师们认为只有混混才穿牛仔裤！

塑料做的牛仔裤

2013年，李维斯品牌发布的一季牛仔裤，以塑料废品为材料制作而成。这种牛仔裤可以回收利用350万个塑料瓶。

明星风采

牛仔裤还有一个细节，是雅各·戴维斯加上的。1873年，这位裁缝提议用铜制铆钉加固牛仔裤的口袋。**天才的想法！** 牛仔裤渐渐成为一种时尚。好莱坞明星开始穿它。今天，牛仔裤有你能想象到的所有款式：修身、直筒、阔腿、高腰、低腰、纽扣式或拉链式……你喜欢哪种款式呢？

19世纪

胸罩

不可思议！女人和女孩穿上胸罩才一个世纪左右。

压扁的乳房

古代，罗马人在胸部缠绕布或皮做的带子。到了1500年，欧洲女人穿着鲸骨、**金属加固的紧身衣**。这些类似"壳子"的衣服强力压迫胸部和腰部，有些女人的肋骨和脊柱因此变形了！

真疯狂！

2008年，考古学家在奥地利的一个城堡里找到了与现在类似的胸罩。这些亚麻胸罩来自中世纪。这个发现很惊人，因为在那之前人们一直认为胸罩是19世纪才有的！

加吊带的紧身胸衣

19世纪末，女人受够了那些丑陋又束缚人的"壳子"！法国人艾米妮·卡多乐灵机一动，把紧身胸衣剪成两半，加上吊带，于是胸罩的雏形出现了！

两块丝质手帕

1910年，美国人玛丽·菲尔普斯·雅各没找到搭配晚礼服的内衣。唰唰唰，三下两下，她竟然用一条带子连起了**两块丝质手帕**！今天，制作胸罩的方法有1000多种！

超刁钻的问题！

制作一个胸罩需要多少时间呢？

至少要18个月！先设计款式，寻找缝制的材料，再制作不同的尺码，然后在模型上比对……这些工作完成后，再把胸罩的各个部件整合在一起——这些部件有50来个！

未来的衣服

想象一下你在2050年购物……下面这些惊人的衣服，有些现在已经被发明出来了，不久你就会在商店的柜台看到它们！

七色光衣服

真神奇！连衣裙、衬衫、裤子可以**根据顾客的需求**发光，还会变色！只需要摸一摸，喊一喊，把它们放在阳光下或者是洒上水。它们的秘密何在？**光纤**！这些玻璃或塑料制成的细丝可以传导光，把光纤跟其他纤维编织在一起就能变出一块根据外部变化而变色的布料。

能给手机充电的包包

电池没电了？别慌，这是一款**装了数个光伏电池板的手提包**，这些电池板能吸收太阳能并将其转化为电能。你只要把电脑、平板或者手机插上就能充电了！

电子球鞋

想知道自己的体能？穿上这双装了传感器的球鞋就可以做到。它可以通过互联网连接智能手机或电脑。你跑步时，球鞋不仅能**测量速度**，还能测量你跳的高度！快去和朋友们比试一下吧！

防臭袜

穿上防臭袜,脱鞋时再也不用捏住鼻子了!这些袜子含有很多纳米颗粒。你穿上防臭袜,纳米颗粒扩散开,能杀死让脚变臭的细菌!

特殊T恤

在T恤柜台,你有得选了!**这几款能防紫外线**(紫外线会造成晒伤),那几款在你劳累时可释放维生素……运动员还可以选能测体温或者心跳的T恤!

注意,大新闻!

藻类或菠萝做的衣服

20世纪,服装业最常用的天然纤维有棉、亚麻、丝绸和羊毛。2050年,服装生产商可以选择的原料要多得多!**他们能把好多其他东西转化为纤维**,比如竹子、芦苇、玉米、大豆、菠萝、大米,甚至还有藻类!

未来的衣服

你的学校 — 20世纪

计算器

电子计算器是日本人和美国人为了进入太空而发明的计算工具，50年前才有！以前，人们用心算或是……

用手指！

史前人类在骨头上刻线来计数。后来，人类开始用手指，能通过这种方法数到10，于是就有了十进制计数法的逢十进一。

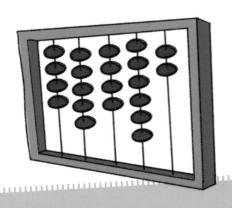

真疯狂！

中国的"算盘"一词最早见于东汉徐岳的著作，发明于12世纪，现在亚洲人仍然在使用，因为它能做很复杂的算数！

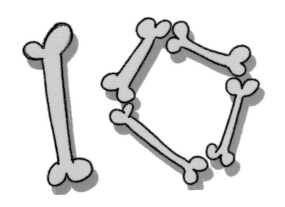

石子代替数字

公元前4000年，数字还没有出现！人们用石子表示数量单位。例如，一颗红色石子表示1，一颗绿色石子表示10，一颗灰色石子表示100。公元前3000年，美索不达米亚的苏美尔人，文字的创造者，用符号代替了石子。例如，一个三角形表示100，一个正方形表示10，一个圆形表示1。

猜猜看

3个红色石子、6个绿色石子和2个灰色石子表示的数字是多少？

答案：263

绳结与珠子

随着时间的流逝，人类发明了计算工具——计算板，取名为**算盘**。最古老的算盘发掘于希腊，出现在公元前5世纪。印加人用**细绳子**来计数，大小不等的**绳结**代表不同的**数量单位**。中国人则使用**珠算盘**：木框里面固定着一根根小棍，不同位置的小棍代表不同的数量单位（万、千、百），每根小棍上穿着珠子，人们拨动珠子来加减乘除。

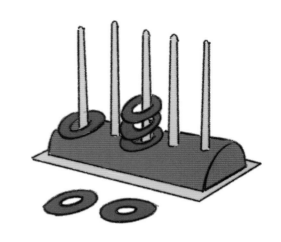

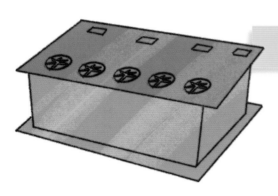

机械计算器

1642年，法国哲学家兼数学家帕斯卡设计了加法器——一台有手柄和齿轮的机器。这是第一个机械计算器！它成为后来的计算器的楷模，直到20世纪！

超刁钻的问题！

谁发明了数字？

古代起就使用的罗马数字，是字母式数字，共有7个字母：I(1)，V(5)，X(10)，L(50)，C(100)，D(500)，M(1000)。今天人们用它们来标记世纪（XV世纪）或国王（路易十四的法语写为Louis XIV）。阿拉伯数字（0,1,2,3……）出现在7世纪。它来自印度，经由阿拉伯人使用后传播开来。

在太空

20世纪60年代，美国人准备出征太空。他们需要可携带的计算机（使用电池）。在日本人的帮助下，美国的德州仪器公司制成了**电子计算器**。第一款成品（非卖品）可装不进口袋：**它重1.3千克**，看起来像一本大部头的书！今天，计算器越来越小，都可以挂在钥匙链上！

你的学校　　古代

剪刀

剪刀可能是你在生活中使用的第一个工具，从幼儿园就开始用了！你知道古代就有剪刀吗？

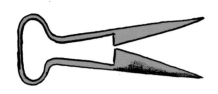

U形

最开始的时候，剪刀看上去并不像凿子……那时剪刀是一根对折的青铜棍，呈U形。U形的两头被压扁、磨尖，做成刀片状。剪的时候要用力一握！最古老的款式发现于叙利亚和埃及。它们所在的年代为公元前5000年！人们通常叫这种工具为"大剪刀"。

超刁钻的问题！

现代剪刀是什么时候有的？

18世纪！英国刀匠罗伯特·欣奇利夫在1761年做出了第一把钢制剪刀。如今，剪刀有各种各样的款式以适应不同的用途：裁缝用、理发用、外科手术用、厨房用、维修用、园艺用……

万能工具！

公元前1世纪，罗马人发明了第一把实用剪刀。当时的剪刀是用一个轴心点连接的两个刀片，可以剪皮革、剪羊毛、修剪灌木，当然了，还能理一个超棒的发型！

真疯狂！

18世纪，女人喜爱刺绣。为了吸引她们，法国香槟地区诺让—巴西尼市的刀匠做了美观的刺绣小剪刀，精雕细刻，是真正的杰作！连欧仁妮皇后（拿破仑三世的妻子）也为之疯狂。

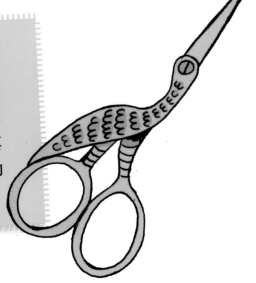

史前

胶

人类从史前就开始用天然黏合剂了。如今，人类可以生产各种合成胶。黏性最强的胶可以粘住10吨的卡车！

真正古老的胶

不可思议！公元前4万年，尼安德特人就用加热的桦树皮来造胶。这个方法今天还在使用：在芬兰，过传统节日时人们还会教给小孩！

真疯狂！

美国化学家哈利·库弗于1942年发明了万能胶，它可以黏合各种物质，包括皮肤和布料。在越南战争期间，医生急救时用万能胶来缝合伤口和止血。

图坦卡蒙面具的秘密

在古代，巴比伦人用蜂蜡或树脂固定雕像的眼睛和修补陶器。我们也知道埃及人用沥青（一种黏性物质）把宝石粘在图坦卡蒙的面具上。

超刁钻的问题！

动物制造胶吗？

是的！例如，燕子用它的唾液筑巢，而蚂蚁分泌的黏合剂可以粘住它身体50倍的重量！

奇怪的原料

后来，罗马人创造了新的制作胶的方法，即用血、兽皮和烧鱼来造胶。当然，这些成分后来都不再使用了，因为从19世纪起，化学的进步促成了**合成胶的发明**。黏性最强的胶可以通过鞋子把一个人粘在天花板上，更夸张的是，它能粘住**重达10吨的卡车**！

你的学校　16世纪

铅笔

有了铅笔，写的字和画的画就能轻松擦掉。以前如果在纸上写错，就只能把它扔进垃圾桶！

英国人的发现

1564年，英国人在一个叫巴罗代尔的地方发现了一种罕见的矿石：石墨。他们觉得这种可以擦掉的黑色物质比墨水更方便，因为用墨水写的字无法被修改！那为什么不用它做一种书写工具呢？这个方法是可行的，**因为石墨很容易加工成板状，人们再把石墨板切成小条！**于是最早的铅笔诞生了……

真疯狂！

尼古拉·雅克·孔德是个全才！他不仅是化学家，还是机械师和画家。1799年，他陪拿破仑出访过埃及，画了数百张水彩画！

还是有点儿脏！

铅笔发展史中的难点在于：**石墨会弄脏手指，还经常断。**怎么解决呢？在随后一个世纪的时间里，没人找到解决方法。直到1660年，一个英国木匠灵机一动，在小木棍上钻了个孔，把石墨放了进去！

100%法国造铅笔

在漫长的时间里，英国人把铅笔卖到欧洲各地。然而，1789年，法国大革命爆发了。**商业停滞，铅笔短缺！**革命者请求化学家尼古拉·雅克·孔德寻找石墨的替代品。过了一年，他找到了！他制造的铅笔芯由**石墨和黏土混合**，再用1000℃左右的高温炼制而成。今天，这个配方没什么变化，且孔德成了一个铅笔的大品牌！

古代

墨水

想象一下如果没有墨水,把作业刻在泥版上会是怎样的情形!

一项埃及发明?

苏美尔人在公元前 3300 年创造文字时,既没有铅笔,也没有墨水。他们把文字用削尖的芦苇写在泥版上。这样过了很久(公元前 2500 年),幸好,埃及人发明了纸莎草纸,最早的墨水也相继出现了。

18世纪的配方

随着时间的流逝,人类创造了**数百种墨水配方**!1702 年,人们在一本为神学院教师写的手册中发现一种配方:把白葡萄酒、水或啤酒倒入罐中,加上核桃末,浸泡一两天后烧开,直至混合物变黑,最后加上阿拉伯树胶,等它冷却后,就做好了!

你知道吗?

以前人们使用天然颜料制造彩色墨水。比如说红墨水,可以用昆虫(胭脂虫)或植物(茜草)来制成。

真疯狂!

要制造隐形墨水,只需一点儿柠檬汁或洋葱汁。这种"遇热敏感"的墨水受热(比如说用蜡烛烤一烤)后即可显现!

从鹅毛笔到圆珠笔

钢笔是在墨水诞生很久以后才发明的!在此之前,人类使用了哪些书写工具呢?

从古代到 18 世纪:鹅毛笔和毛笔

19 世纪:蘸水钢笔

19 世纪末:自来水式钢笔

20 世纪:圆珠笔

| 你的学校 | 古代 |

书

最早的书远在印刷术发明之前就诞生了！它们是用兽皮做的！

你知道吗？

要得到最好的羊皮纸，一个建议：用小牛皮！对的！小牛皮经过加工，成为**犊皮纸**，这种纸张精美洁白，对书法和装饰画来说是非常理想的选择！

纸卷上的文字

古埃及时期，没有书，只有书卷：纸莎草纸卷。埃及人用**纸莎草纸卷**写合同，做学校作业，写宗教典籍……

山羊还是绵羊？

公元前2世纪时出现了羊皮纸：**把山羊、绵羊或小牛皮做成纸张**（见55页）。因为羊皮纸比纸莎草纸更结实，公元2世纪时就有人想了个主意，**把纸张合成一本**，缝合在封皮里做成手抄本：书的祖先诞生了！

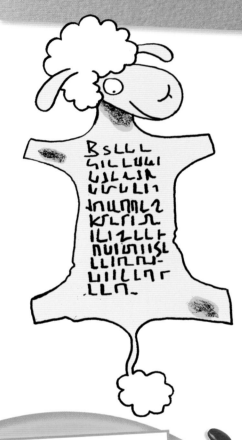

超刁钻的问题！

谁发明了漫画？

中世纪时，修道士在宗教书籍里加入了装饰画。有些装饰画让人联想到漫画，因为它是分格画的，对话框（今天人们把漫画中的气泡称为对话框）。中写了字但瑞士教师、作家鲁道夫·托弗才是真正的漫画发明人。1827年，他为学生画了分格的连环画，每一格都写有文字。

古腾堡革命

15世纪以前，**书是由修道士手抄的**。他们在修道院或教堂附近的工作室（缮写室）里抄写。1454年，金匠约翰·古腾堡造出了**历史上最早的印刷书籍——《圣经》**！

你知道吗？

在中世纪，一个抄写员平均1天只能抄4页！古腾堡的印刷机1天大概能印1600页！

古腾堡的作坊

第一步。制造刻有字母的铸模，每个字母和标点符号都要有铸模。

第二步。每个字母都要做数百个铸模：活字字模。

第三步。组成要印刷的书页：把字模反向排列在一把金属尺上，每个单词之间用小铅片隔开。**这个过程叫排版。**

每行都排好后，把它们放在一块小木板上，再用木框固定好木板。

第四步。**用印台给字模上墨，在字模上放上纸，压一压。**这样就印好了一页！

真疯狂！

2013年，一个日本印刷厂商出版了一本袖珍书，不用放大镜根本看不了！这是世界上最小的书，页面长宽均不超过0.75厘米。

你的学校 古代

纸

中国人学会造纸要比欧洲人早得多。他们保守这个秘密配方的时间长达900年！

请不要把文章烤得太久

5000年前，纸还不存在。在美索不达米亚，苏美尔人把字刻在**湿泥版**上，再放在火上烤！那时烤泥版是保存文章的唯一方法！

纸莎草纸，只能卷起来

公元前2500年，埃及人学会了用生长在尼罗河畔的一种植物——纸莎草来造纸。**纸莎草纸很脆弱**，不能折叠，也不能装订在一起，**只能卷起来**。纸莎草纸卷广泛出口到地中海沿岸的国家，希腊人、罗马人、阿拉伯人都用它……那是自然！这种纸比使用黏土和蜂蜡要**方便得多**！纸莎草纸在世界上某些地区一直使用到公元6世纪。

你知道吗？
最长的纸莎草纸卷长达40米左右，差不多是你身高的30倍！

羊皮纸，修道士青睐的介质

公元前2世纪，在帕加马，有人想到了用羊皮纸代替纸莎草纸。它其实就是**一种兽皮**（山羊、绵羊或小牛皮），人们把它洗净、刮薄、打磨，然后在上面写字！**羊皮纸比纸莎草纸结实，使用起来也更容易**：可以把纸张缝在一起。因为有羊皮纸，人类做出了**最早的书**（见52—53页）！

造纸的方法

1. 剥下桑树皮。
2. 混合树皮碎屑和水，蒸煮混合物。
3. 锤打混合物，直到把它捣成纸糊。
4. 用筛子过一遍纸糊，沥干后用木头压紧，再把它放在阳光下晒干或用火烤干。
5. 磨光纸张。纸就造好了！

保守得很好的秘密！

欧洲人还在用羊皮纸甚至纸莎草纸的时候，中国人已经发明了纸（公元前3世纪）！**造纸术在长达900年的时间里一直是中国的机密！**

751年，中国俘虏把秘密透露给了阿拉伯人。从这个时候起，造纸术便从一个国家传到另一个国家，一直传到了西班牙，14世纪才传到法国！

真疯狂！

中世纪时，中国人制造了数层纸和纸板组成的盔甲，人们用它来挡箭！

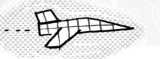

未来的学校

想象一下你是2050年的一个小学生,你的课堂会是什么样的呢?你要学习哪些课程呢?

首先,墙上有块交互式电子白板

这块交互式电子白板与电脑相连接,可以把物体显示为3D影像,还能下载视频和影片。你的老师在白板上放映学生要做的练习。因为是触摸屏,老师可以移动屏幕上显示的图像,放大细节,在屏幕上写字或画画……这块白板就像是一个巨大的平板电脑!

你知道吗?

这样的电子白板在法国已经投入使用,用来讲数学、几何或艺术史。在遥远的未来,整个教室都会有互动功能!地板、墙壁、桌子……都将是触摸屏!

还有用来学编程的机器人!

2050年,人人都得学会如何操作电脑,因为找工作时这些知识必不可少。因此,小学开设了一门新课程:**信息编程**。为了上课需要,你的老师用了一个机器人。你得用它来练习编程:你要教它跳舞、踢足球、抓东西。

多媒体万岁！

为了学习历史和地理，**你可能要用到多媒体"书"来学习。**你能用它读课文，看视频、动画和地图，做互动练习，回答问题。为了上课，你的老师也会使用游戏功能。游戏的内容包括经营商店、建设城市等等，这教你学会思考。

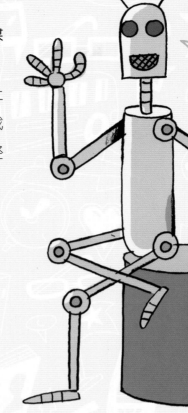

学习型的随身听

在你的学校，老师把随身听借给学生，不是让他们玩，而是让他们做作业。例如，练习用英语读句子。**学生在家学习，只需要把录音交给老师！**法国几所学校已经有了这种实践。它的名字叫作**播客**。

注意，大新闻！

一个虚拟班级！

中学毕业会考以后，你可能不用出门就能学习了。这不是说大学和老师都没有了，只是你将接受远程教育。你将在一个网站上看课程视频，下载练习。你和老师通过视频会议、电子邮件或短信沟通！

未来的学校

你的饮食　17-18世纪

糖果

如今，为了健康，建议不要吃太多糖果，以防蛀牙或高血糖。不过在过去，糖曾被当成一种药品！

蜜渍花朵

为了做出糖果，需要用到糖！在古代，只有亚洲的印度和波斯人认识甘蔗，知道如何用甘蔗制糖。他们把甘蔗称为"**不需要蜜蜂就可以产出蜂蜜的芦苇**"！他们怎么制作糖果呢？秘密！希腊人、罗马人和高卢人不种甘蔗，但这并不妨碍他们品尝甜点：**糖渍水果，蜜渍核桃、杏仁和花朵**！

糖，富人特供

中世纪时，十字军东征到了耶路撒冷，发现了甘蔗。他们让欧洲人认识了甘蔗，但糖仍然是一种**稀有又昂贵的商品**！当时糖由药剂师售卖，他们认为糖是**一种药品**，有助于消化。

真疯狂！

法国共有约600种特色糖果和甜食！其中最有名的是牛奶糖和康布雷的薄荷香味的糖果。

58

你知道吗？

糖在当时被认为是一种香料，与胡椒身份相同！

"房间香料"

还是在中世纪的某天，一个厨师做出了**用桂皮和生姜调味的松子杏仁球**，再撒上糖。太棒了！这些小甜点专供国王和贵族享用。美食家们在饭后把它们带回房间品尝。这就是这些甜点被称为"房间香料"的原因！

修道士和药剂师发明的糖果

从 17 世纪起，糖果的配方多起来了。人们用**水果、花朵、甘草和八角等芳香植物**来制作糖果，还用了来自美洲的新配料，比如可可和香草。谁发明了这些配方？他们是药剂师、修道院里的修道士、为富裕家庭工作的糕点师……18 世纪，糖果特别受欢迎，巴黎也因此有数十家糖果店！

你知道吗？

19 世纪，得益于甜菜的发现，糖果才不再那么昂贵了。甜菜这种在欧洲很容易种植的植物，取代了甘蔗。

超刁钻的问题！

今天如何制造糖果？

你知道的糖果（草莓哒哒糖、多味珍珠糖、焦糖棒）都是 20 世纪才有的。它们都是流水线上生产出来的，机器赋予它们人们想要的各种形状和质地。糖果成分有着色剂、天然或人造的香料、糖浆和明胶。

你的饮食　　19世纪

口香糖

不可思议！史前人类已经想到用树汁来清洁牙齿了！

一点儿桦树汁？

口香糖的起源是树木！对的！1万年前，史前人类用**桦树树汁或针叶树树汁**来清洁牙齿！南美洲的热带雨林里生长着人心果树，它会分泌一种乳汁，在古代，玛雅人用人心果树树汁做成了糖胶树胶。

组合两种配方

1869年，墨西哥将军安东尼奥·洛佩斯·德·桑塔·安纳把糖胶树胶卖给美国发明家托马斯·亚当斯。**糖胶树胶很像**工业生产用的**橡胶**，最开始，托马斯·亚当斯尝试用它来制作玩具、面具和雨靴……可是完全失败了！就在他要把糖胶树胶扔进垃圾桶时，忽然想到可以在里面加上香料，把它做成一种可以咀嚼的树胶。结果大获成功！现代口香糖诞生了！

你知道吗？

2009年起，墨西哥农民用人心果树树胶生产100%纯天然的口香糖，而且跟玛雅人在4000年前做的一样！

100%化学！

19世纪以来，口香糖的配方变了好多！人们再也不用糖胶树胶了，它被**蜡和树脂**制成的合成树胶取代。人们在合成树胶里加上着色剂，还有水果味、薄荷味或甘草味的香精。

你知道吗？

因为口香糖中含有弹性体，你才能用它吹泡泡。弹性体是天然或人造的弹性物质（例如乳胶或橡胶）。根据《吉尼斯世界纪录大全》，史上最大的口香糖泡泡直径为58.4厘米！

真疯狂！

清理马路上的口香糖很困难，因为得用蒸汽处理，用火烧或者喷洒化学制品。为了解决这一问题，一位英国化学家发明了一种可降解树胶，6个月之内就能自然降解。而传统的口香糖需5年以上才能降解。

超刁钻的问题！

把口香糖吞下肚危险吗？

不危险，除非一下子吞了好多口香糖，那样可能会把胃堵住！强烈建议不要把口香糖咽下去，因为你的身体不能消化树胶。另外，口香糖也不应该咀嚼太久，因为嚼的时间长了，会产生恶心的感觉。

你的饮食　　19世纪

比萨

你知道法国人平均每人每年要吃下10千克比萨吗？他们的这一数据打败了其他所有的欧洲国家！不过，这种食物究竟起源于何处呢？

猪油比萨！

"比萨"这个词第一次出现是在公元997年意大利的一份文件中。它指的是**用面粉、水、盐和酵母制成的饼**：一种光面比萨，没有任何馅料！17世纪时，人们在那不勒斯发现了比萨的踪迹。想知道它的配料吗？**奶酪、罗勒和猪油！**

真疯狂！

2014年，美国科学家研制了一种不容易腐坏的比萨！这种比萨专为去打仗的美国士兵设计，不打开包装的话，它可以在常温下保存3年。

以玛格丽特王后之名

你知道吗？

比萨遍布了全世界！但每个国家都有自己的口味：美国人在比萨里放薯条或意大利长面条，日本人的馅料则加入了巧克力棍、杧果、枫糖浆和奶酪！

18世纪，比萨成为那不勒斯的特产，但它的**名声不好**：这是一道穷人的菜！资产阶级瞧不上它，因为它在街上售卖。一切都在1870年改变了。那年意大利王后玛格丽特去那不勒斯，点名要吃**一种由意大利国旗颜色组成的比萨：红色（番茄）、白色（马苏里拉奶酪）、绿色（罗勒）**。这就是今天比萨食谱中玛格丽特比萨的起源！

18世纪

苏打水

不可思议！历史上第一种苏打水是在法国大革命时期发明的！

可以治病的水

直至18世纪，所有气泡水都是天然的。那时的药剂师研究气泡水，是因为他们认为气泡水有益于健康。

你知道吗？

天然气泡水中的气泡是火山活动产生的二氧化碳！

真疯狂！

法国每年消费的易拉罐，回收其金属后可修建6座埃菲尔铁塔！

水里有气体

1772年，英国化学家约瑟夫·普里斯特利发现了**制造二氧化碳的方法**。1783年，德国人约翰·雅各布·舒味思发明了一台机器，能够在水里大量添加二氧化碳。用自己名字命名的气泡水（这款饮料的中文名称为怡泉）非常成功，1798年他在伦敦开设了第一家工厂！历史上第一种苏打水诞生了！

超刁钻的问题！

苏打水会让人发胖吗？

会的，因为苏打水含糖。当你喝下一杯200毫升的可口可乐，你就相当于吃了6块糖或者是1个苹果加1小根香蕉。记住，你可以喝苏打水，但是要节制！

可口可乐的秘方

一个世纪以后，1885年，美国药剂师约翰·彭伯顿发明了一种**糖浆**，**由可乐树籽、糖、咖啡因和一些植物提取物制成**，这就是可口可乐。起初，可乐在药店论杯出售。可口可乐的配方一直都是个秘密，如今，这种饮料深受人们喜爱。2010年，可口可乐在全世界共售出724亿升，相当于全世界平均每人要喝10瓶！

未来的饮食

2050年，地球上将拥有90亿居民！为了养活所有人，得找到新的食物，改变饮食习惯！

为什么不吃昆虫呢？

油炸蝗虫、烤蚂蚁、蝎子棒棒糖、巧克力蟋蟀……不，这些菜谱不是随便搭配而来的，而是出自非常严肃的科研人员！其实，科学家几年前就对昆虫感兴趣了，因为它们富含蛋白质、维生素和矿物质。**昆虫能代替鸡肉、牛肉和猪肉**，这些肉类不仅生产成本很高，还污染地球。那么，准备好尝一点儿幼虫汉堡了吗？

你知道吗？

在亚洲、南美洲和非洲，超过20亿人已经吃上昆虫了！也就是说每3个地球人里就会有1个人吃昆虫！

或者是藻类做的菜肴？

亚洲人食用藻类已经很久了，但欧洲人最近几年才对藻类有了兴趣。跟昆虫一样，**藻类营养丰富**。如今，它们已经进入几类菜品中：布丁、奶油甜点、汤、面条和沙拉……以后，你可能会在饼干或是薯条里吃到藻类！

未来的饮食

嘿，人造汉堡！

2012年，挪威研究人员制出了**历史上第一个人造汉堡**。他们用了一些特殊的细胞，是从牛身上提取的干细胞。这些细胞在实验室内培育、生长，然后变成了人造肉……感觉上是不是很难吃？不过，生产人造汉堡可不便宜，需要290 000欧元。这比一辆法拉利还贵！

未来的厨房会是什么样的呢？

将来，厨房的所有家用电器都会智能化。例如，冰箱会分析放在里面的食物，从而列出购物清单或者建议相关食谱。人们可以通过智能手机让烤箱开始或停止工作，也可以要求水龙头流出气泡水。有了可以让食材膨胀的新型机器，人们可以制作没有鸡蛋的巧克力慕斯或者没有面粉的蛋糕！

注意，大新闻！

3D比萨打印机

不，这不是科幻电影！美国国家航空航天局的研究人员造出了第一台3D比萨打印机！这台打印机没用墨水，其"墨水"是**用油和由各种营养成分组成的粉末**，对应比萨的配料（番茄酱、面饼和奶酪）。这些粉末可以保存30年！3D比萨打印机可能会安装在飞往火星的宇宙飞船上，为宇航员提供食物。

你的通信　　　古代

密码和密信

早在计算机发明前，人类就懂得发送加密信息了。以下几种古老的好方法，你可以和朋友们一起试试！

斯巴达密码棒

公元前5世纪，信使们腰间系着**皮带或羊皮纸带**。这些带子上的字，乍一看毫无意义。为了读懂隐藏的信息，得把带子缠在一根棍子上，直到带子上的字母重新排列整齐，组成可以读懂的句子。你也可以做一根密码棒。

1. 准备两根直径（至少2厘米）相同的棍子。把其中一根交给你密信的收件人。

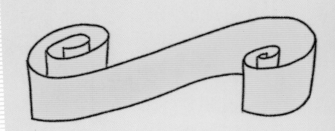

2. 裁一张1厘米宽的纸带，要够长，能在棍子上绕好多圈。

波利比乌斯的正方形

这种密码是古希腊历史学家波利比乌斯在公元前150年发明的。它是**用两个数字代替一个字母**。这些数字不是任意选择的！想要弄清楚的话，**观察下面的表格**，找出下面这串数字是什么意思吧。提示：每组数字组成一个单词。

5523353422/5251/131135/
1323113422/25241134

	1	2	3	4	5
1	a	b	c	d	e
2	f	g	h	i	j
3	k	l	m	n	o
4	p	q	r	s	t
5	u	v	w	x	y	z

3. 纸带在棍子上卷好后，写上信息。

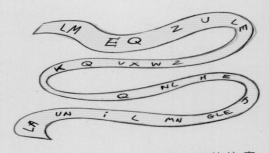

4. 解下纸带就没人读得懂你的信息啦！除非你把另一根相同的棍子交给他。

答案：中午操场见

恺撒的数字

罗马人为了加密信息，重新排列了字母。比如，他们用密码字母E代替明码A，密码字母F代替明码B，依此类推，从而组成下面对应的表格：

参考上面的表格，破译尤利乌斯·恺撒大帝可能会发给克莉奥帕特拉女王的一条信息：

NI ZSYW EMQI, VIMRI HI FIEYXI

答案：*je vous aime, reine de beauté*（我爱你，美丽的女王）

卡尔达诺的表格

这个方法是16世纪时意大利数学家吉罗拉莫·卡尔达诺发明的。用一串看上去毫无意义的字母隐藏一条信息。要看懂这条加密信息，关键在于一张在特定位置**打孔的纸**。为了读懂下面的信息，把右边有洞的纸盖在左边的表格上。你读懂了吗？

答案：*Nicolas est amoureux de Léa*（尼古拉斯爱恋着莉娅）

你知道吗？

人们把（在图片里、文章里……）隐藏信息的各种方法——以用密码让信息无法读通的方法统称为"密码术"。

你的通信　　20世纪

互联网

每天有超过25亿人会联网,也就是说,每天每3个地球人中就会有1个人使用网络!

军人的想法!

1960年,美国军队想要建立一个网络联通几所美国大学研究人员的计算机。这样网络就会更安全,即使其中某个网络点遭遇核爆袭击!于是诞生了**阿帕网,这是互联网的源头**。起初,这个网络很小,后来它一点点扩展到了整个世界。1969年,它被命名为互联网。

互联网如何运行?

互联网把电脑相互连接起来。它就像是一张巨大的蜘蛛网!

每台电脑有一个由数字组成的个人地址,能被其他电脑识别和连接:就像你的通信地址一样!为了连接到互联网,需要订购互联网供应商提供的服务。

68

万维网：世界上最大的图书馆！

1989年，英国计算机科学家蒂姆·伯纳斯－李创建了万维网。**对了！不要混淆互联网（网络）和万维网（一种计算机系统）**……万维网使得网民可以创建网站。这些网站的内容可以供人访问。怎么做？通过搜索引擎！当你输入关键词时，搜索引擎浏览所有连接到互联网的万维网网站。它抓取所有包含该关键词的网页，再显示在你的屏幕上！事实上，万维网可以连接到全球网络中大部分的内容！你就像拥有了**世界上最大的图书馆**！

你知道吗？

所有的万维网网址都以 www 开头。它是由英文 World Wide Web 的首字母组成，意为"环球信息网"！

超刁钻的问题！

电脑用什么"语言"交流呢？

电脑不使用人类的语言交流，而是用网络协议——能让它们互相"理解"的明确的规则，还有由数字和符号组成的计算机语言。

服务器全天24小时运作，一周7日无休，它储存了大量的数据（文本、声音、图片、视频）！你坐在电脑前时，就是它们在为你服务。例如，它们保存你的邮件，把你想要的信息发送到你的电脑上，比如音乐或是电影。截至2014年，世界上有数亿个服务器！

| 你的通信 | 20世纪 |

电脑

想象一下没有电脑的世界。那里没有动画片，没有电子游戏，也没有互联网。人类不可能进入太空，你父母的汽车上也不会装GPS（全球定位系统）！

笨重的电脑

现代电脑诞生于第二次世界大战期间的美国。它叫ENIAC，即电子数字积分计算机。为什么说它现代？因为它完全是通过电子运算和编程运行的！意思是说，人们可以**在它的存储器中写入指令**，接下来不用人的帮助，它就能完成这些指令。不过，不要以为ENIAC有屏幕、键盘和鼠标，就像你在学校或家里用的电脑一样！首先，**它很重，有30吨**，那是**5头大象的重量**！然后，它的各个部分（类似于一组插满电线的大柜子）总共**占地170平方米**！ENIAC做完规定的计算任务时，不是以打印好的纸张输出结果，而是用一条钻了数百个孔的带子。

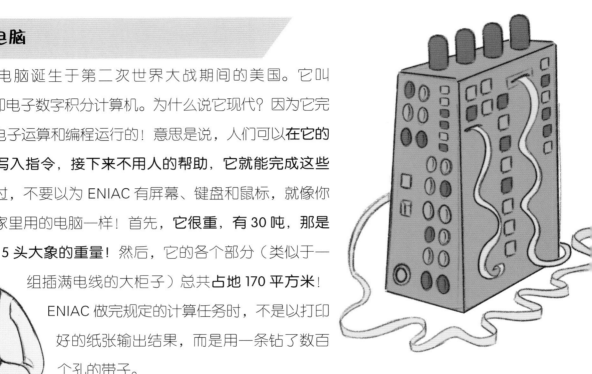

真疯狂！

最早的电脑通过带有电子的真空玻璃管运作。有时，昆虫钻进这些玻璃管，运算结果就会出错。这就是"虫子"在计算机用语里表示"错误、故障"的原因！

微型电脑!

今天的电脑之所以轻巧结实,全因为两项十分重要的发明:**晶体管**(1947年)和**集成电路**(1964年)。晶体管比第一代电脑中用的电子管要优越。它可以在更少的时间内完成更多的运算。集成电路是一种微型晶体管的集合,它们组成了一个强大的电子电路。**一个集成电路包含几百万个晶体管!**你应该感谢晶体管和集成电路,因为它们使得电脑可以完成非常复杂的任务,比如说制作动画片!

你知道吗?

1983年发明的第一台手提电脑像一个小箱子,实在是不轻,足足有11千克!今天,电脑可以小到只有优盘那么大!

超刁钻的问题!

一台电脑由什么构成?

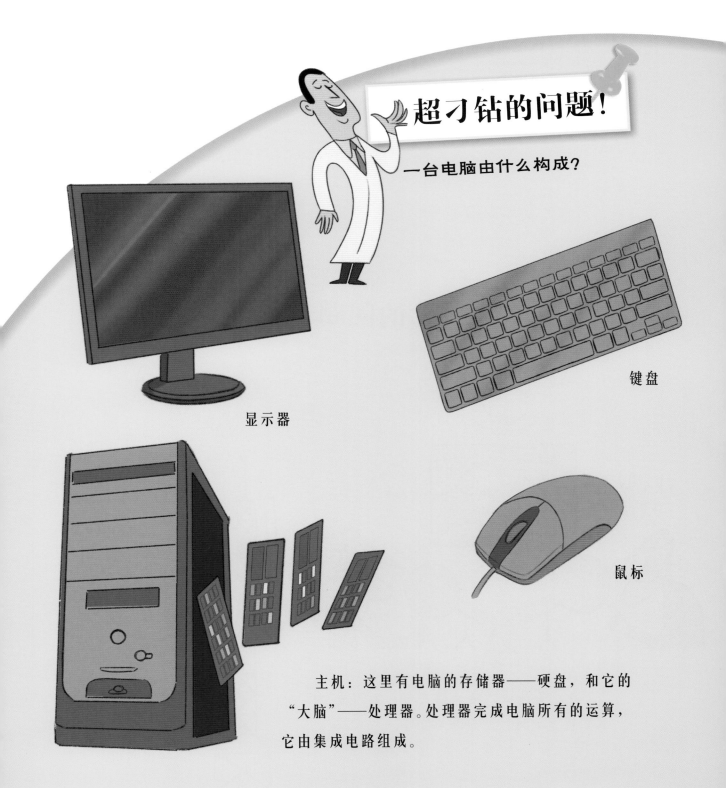

显示器

键盘

鼠标

主机:这里有电脑的存储器——硬盘,和它的"大脑"——处理器。处理器完成电脑所有的运算,它由集成电路组成。

| 你的通信 | 20世纪 |

无线电波

无线电波的发现，令整个世界产生了巨大变革。因为有它，才有了电视机、手机、雷达和微波炉！

赫兹波！

1888年，德国物理学家海因里希·赫兹证明了无线电波的存在。它实际上是一种波形振动，肉眼看不到。无线电波在空间中以光速传播：3×10^8 m/s！这就意味着，无线电波1秒钟可以环绕地球7圈多！今天，海因里希·赫兹发现的电波在法语中被称为"赫兹波"。

你知道吗？

无线电波是电磁波大家族中的成员。有些电磁波肉眼可见，比如光。另一些我们看不到，比如X射线、红外线和紫外线。也许你不知道，但你每天都在接触不同的电磁波，比如你用微波炉热菜，你晒太阳，你在医院照X光片！

超刁钻的问题！

广播是怎么产生的？

1. 无线电广播站播音室：人声或音乐被麦克风转换为电子信号。

2. 无线电广播站天线：电子信号被传送至广播站发射机的天线，发射机把它们转换为无线电波。

无线电波有好几个"父亲"！

1890年，法国人爱德华·布朗利偶然发现了如何探测海因里希·赫兹发现的无线电波。他的研究让尼科拉·特斯拉和伽利尔摩·马可尼产生了绝妙的想法：为什么不利用这种奇特的波来实现信号的远距传送呢？通过一台"无线电报机"，马可尼首先成功将用**莫尔斯电码**（见74页）写的信息发送到5千米远的地方。1899年，他发送了第一封英国到法国的电报。1918年，他终于发送了第一封英国到澳大利亚的电报！现代无线电通信就此诞生了！

你知道吗？

第一个法国无线电广播站——巴黎广播站创建于1921年。它通过一台放在埃菲尔铁塔上的发射机运行。

真疯狂！

1912年，泰坦尼克号通过无线电报发送的SOS求救信号让救援人员得以更快赶到，且因此有705名乘客获救！

3. 中继站：无线电波在空间中通过中继站来实现连续传播。

4. 收音机：你的收音机接收无线电波，把它们重新转换为人声或音乐。你听到这些声音，好像你就在播音室里！

你的通信　　19世纪

电话

电报和电话发明后，人类就能远距离传送文字与声音了。今天，有了智能手机，你能和全世界的朋友交换照片和视频！

电报

在电话出现之前，我们有电报。电报机发明于 1830 年，它通过电缆和电流传送信息。**字母表里的每个字母都被编码**。例如，要发送电报文"朋友们好"，就得发送下面的信息，每个字母之间停顿一下：

…/.–/.–../..–/–/.–.././…/–.–./–––/.––/./.–/../–./…/

S/A/L/U/T/L/E/S/C/O/P/A/I/N/S/

你知道吗？

这种电码是塞缪尔·莫尔斯于 1837 年设计的。1844 年，它被用于发送史上第一封长途电报，从华盛顿发送到巴尔的摩，这两个美国城市相距 600 千米！

喂，喂？

19 世纪 70 年代，美国人亚历山大·格拉汉姆·贝尔研究如何改进电报。最后，他成功找到了**远距离传送话语**的方法！贝尔制造了一台能把声音转换为电子信号的仪器。**这些信号经由电缆传播，再重新转换为声音**。1876 年 3 月 10 日，贝尔拨打了历史上第一通电话，打给他隔壁的助手。他得大声说话对方才能听到，但他的发明成功了！电话诞生了！

电话大家庭

自从亚历山大·格拉汉姆·贝尔造出第一台电话,电话改变了很多,无论是形式还是功能。看看下面的几种,你喜欢哪一种?

1922 年:早期的有10个数字的拨号盘电话。

1975 年:有电子按键的电话。

1993 年:早期的有触摸屏的智能手机。

1983 年:早期的手机。

1943 年:最早的电木(一种塑料)电话。

电话的发明者

在亚历山大·格拉汉姆·贝尔之前,很多发明家都探索过电话的原理!其中意大利人安东尼奥·梅乌奇于1860年(比亚历山大·格拉汉姆·贝尔早了16年!)在纽约展出了一台叫作"teletrofono"的仪器……2002年,美国人才将安东尼奥·梅乌奇认定为电话的发明者之一。

真疯狂!

根据一项法国人研制的技术,不久的将来,所有的智能手机都能观看3D电影,而且不用戴专门的眼镜!

你的通信　20世纪

电视机

在你的祖父母小时候,他们不知道什么是电视机。现在,人们每天要花3个多小时看电视!

这些英国人太厉害了!

自19世纪起,好几个欧洲科学家都在研究如何**转播动态影像**。最终,英国人约翰·贝尔德做到了! 1926年,他在一些科学家面前组织了第一次电视转播。他的电视机很小,是黑白影像,不清晰,但是可以**实时观看**。法国于1931年引入了第一台电视机。

真疯狂!

早期电视中,节目都由被称为"女播音员"的年轻女子播报。一天,她们中的一个,诺爱乐·诺布勒库不小心露出了膝盖,结果她被解雇了!

没遥控的庞大电视机!

最早的电视机很笨重,因为用了**阴极射线管**,而且得从沙发上站起来去换频道。1955年,第一台遥控电视机被发明出来,但直到20世纪80年代它才进入千家万户。

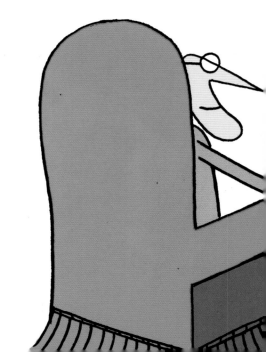

电视在法国

1933 年：最早的电视演播室出现了。

1936 年：埃菲尔铁塔上安置了一台发射器。

1949 年：有了第一个法国电视新闻节目。

1950 年：有了第一个儿童节目。

1967 年：最早的彩色节目出现。

1968 年：最早的电视广告出现。

1984—1987 年：最早的私营电视频道出现。

1996 年：最早的通过卫星传播的电视频道出现。

电视，巴黎人特供！

一开始的时候，电视只有**一个频道，节目特别少**。通过埃菲尔铁塔上安置的一台发射器，电视台每天只播放几小时节目，而且只有巴黎和法国北部能看到。**拥有电视机的法国人很少，**1950 年只有 3794 人，那时很多人去咖啡馆或邻居家看电视，而 2013 年至少有 5000 万人拥有电视机！

超刁钻的问题！

电视的原理

最早的电视机通过阴极射线管运作。阴极射线管是一种真空玻璃管，里面有一个小枪向覆盖着磷光物质的屏幕发送电子。当这些电子从左到右、从下到上打到屏幕上时，屏幕上的磷光物质发射出光线组成光点，也就是像素。今天，为了产生高像素，液晶显示屏和等离子显示屏采用液晶或气体作为材料。

未来的通信

科研人员正在创造通信领域内的非凡发明！以下是其中几例……

智能手机上的全息图

全息图是指宛若真实的 3D 投影图像，它裸眼可见。将来，它可能成为我们日常生活的一部分。以后能放映全息图的仪器多种多样：你的智能手机、电视机、手表、客厅的桌子……这不再是科幻。一家韩国公司已经在 2015 年销售了一款可以"加载"全息图的手机。

你知道吗？

2012 年和 2014 年，在演唱会上播放了迈克尔·杰克逊和饶舌歌手图派克的全息图，使乐迷感觉见到了真人！

可以给朋友打电话的文身

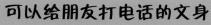

不可思议！一家大型手机制造公司正在研制一款有点儿特别的手机传感器……它看起来像**一款文身**，上面装着发射器和接收器。这款文身与智能手机通过蓝牙相连，贴在喉咙那里，有了它，不摸手机也能给朋友打电话！它将用太阳能充电。

沟通太容易了！

如果你不喜欢外语，这个消息会让你开心起来！将来，自动翻译和人声识别系统将发展到**所有人沟通无阻碍**！你可以通过互联网直接与任何国家的人交流，因为**地球上人类讲的语言都能被软件同步翻译**！

增强现实的眼镜

想象一下，有这么一副眼镜，戴上它，当你漫步在街道上时，可以获得周围的很多信息，比如街道的名字。**伴随着你的脚步**，这些信息实时出现在你的眼前，就像打印在你看到的东西上一样，这就是人们说的"增强现实"技术。它让你去外地旅游变得很方便！这样的眼镜还不存在，但我们不会等很久！

你知道吗？

手机和平板电脑上有"增强现实"的应用。比如，它们能让建筑设计师把平面设计图转化为3D影像，这样就能更好地显示楼房建成后的立体模样！

注意，大新闻！

能装在口袋里的平板！

某手机生产商正在研制软屏幕。很快，人人都能像折纸一样把平板电脑折两折！软屏幕还可以用来取代安装在天花板、墙上、地上的屏幕，这样的屏幕可让观众完全融入屏幕的画面中！

未来的通信

你的出行　　　20世纪

飞机

13世纪，马可·波罗在路上走了几年才到达中国。2014年，从巴黎飞到北京只需要10个小时！

飞行，一个古老的梦想！

人类一直梦想模仿鸟类！从文艺复兴起，学者们就开始设计飞行机器。列奥纳多·达·芬奇于1486年画的螺旋翼，类似于直升机。1801年，法国将军安德烈·纪尧姆·海斯涅·德·古埃制造了**绑着吊带，用藤条和布做成的翅膀**。

天空中的气球

18世纪，人们发现热空气比冷空气要轻，可以将重物举起。蒙特哥菲尔兄弟利用这个发现在1783年发明了**热气球**。第一次飞行时国王路易十六在场，气球上的乘客是1只鸡、1只鸭子和1只绵羊！随后罗齐埃和达尔朗完成了第一次载人飞行。

空中滑翔

19世纪，科技不断进步。工程师明白了升力的原理：物体在空中移动是因为它受到力的作用。因此德国人奥托·李林塔尔在1891年造出了**第一架滑翔机**。他驾驶这架滑翔机2000多次，滑翔时最大的垂直距离有约300米！

有发动机的滑翔机！

人类很快明白只有速度才能让比空气更重的机器飞起来。道理是没错，可是怎样才能更快呢？用发动机啊！1890年，克莱门特·阿德尔第一个**组装了用蒸汽发动机推动的螺旋桨飞行器**。他把这个古怪的机器命名为"风神"，机翼是用丝绸做的，螺旋桨是用竹子做的，阿德尔驾驶着它可以从地面飞起50多米的高度！

真疯狂！

如今，每年有33亿人坐飞机！这个数量相当于中国、印度、欧盟和美国的总人数！

飞行员最早的成就

短短几年内，飞机有了飞速发展！20世纪初，美国人奥维尔·莱特和威尔伯·莱特试驾了飞行者号。因为有了两个革命性的螺旋桨，他们在1905年用39分5秒飞行了38千米！**这是人类已知的第一次公开动力飞行。**4年以后，路易·布莱里奥驾驶自己制造的飞机（布莱里奥11号）用27分钟穿越英吉利海峡。1927年，查尔斯·林德伯格飞越大西洋，从巴黎到纽约用了33小时30分钟。现代飞行诞生了！

超刁钻的问题！

世界上最大的飞机是哪架？

是空中客车公司生产的A380。它能容纳853名乘客！

你的出行　　19—20世纪

摩托车和速克达

你知道摩托车起源于自行车吗？最早的汽车也是！

摩托车的起源？蒸汽自行车！

1868年，法国人皮埃尔·米肖和路易·纪尧姆·贝侯受自行车的启发，在自行车上加了个发动机，于是摩托车诞生了！当然它和今天的摩托车一点儿也不像。**发动机装在车座下面，准确说应该是蒸汽机！**

你知道吗？

法语中摩托车"motocyclette"这个词是1897年欧仁·韦尔纳和米歇尔·韦尔纳兄弟发明的，用来描述一种加了发动机的大自行车！今天，它的缩写"moto"指时速超过45千米的两轮车。

比骑马更快！

1885年，汽车生产商戈特利布·戴姆勒在自行车上装了一台汽油发动机，一切从此改变。**这一款摩托车时速为19千米！** 几年后，德国人威廉·迈巴赫和法国人菲力克斯·泰奥多尔·米耶等工程师鼓捣出了速度更快的引擎。1894年，有些摩托车的时速可达45千米，是飞奔的马的速度的两倍！这在当时很了不起！

你知道吗？

1885年，没有人知道如何驾驶两轮机动车……为了更好地平衡，生产商在摩托车两边加了两个安全小轮。这和你小时候骑的儿童车一样！

为神父设计的速克达!

这种奇怪的车由法国人乔治·高提耶于1902年发明,被命名为"自动扶手椅"。与摩托车不同,驾驶者不是跨骑。**骑车人双腿在前,放在一个平台上,就跟现代速克达一样!** 这种设置不是偶然选择:高提耶先生想**把他的这种车卖给神父**,因为神父穿着长袍,不方便跨骑!

超刁钻的问题!

从什么时候起,骑摩托车需要驾驶证?

1893年,法国政府发现自行车的发明带来了许多安全问题,因为骑自行车的人骑得飞快,步行的人很不适应!因此他们要求骑自行车的人必须通过骑车资格考试。现在的摩托车驾驶证是从1922年开始有的。

你喜欢哪一款?

速克达:在城里购物!

运动摩托:在环形跑道上竞赛!

公路摩托:去偏远的地方旅行!

越野摩托:在崎岖的道路上行驶!

你的出行 — 19-20世纪

火车

火车是历史上第一种实现快速出行的交通方式。因为有了它，你才能和全家人一起去度假！

一项英国人的发明

19世纪，采矿很艰难！运煤也不容易，得用马拉着载煤的货车在铁轨上走。一天，矿主想到了用蒸汽机拉货车。**机车诞生了！** 第一辆机车由英国人理查·特里维西克在1804年制造，他为其取名为"谁能追上我"！这辆机车可**拉动10吨铁和70个人**。大功一件！20年后，乔治·斯蒂芬森和罗伯特·斯蒂芬森兄弟俩创办了第一家机车工厂。

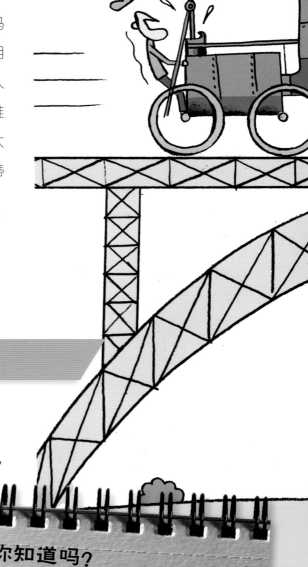

越来越宽广的铁路网！

最早的铁路线铺设于英国和法国之间。起初，它只有几千米，用来**运送货物**。然后铁路网扩张了，连接起各个城市，来回运送旅客。人们修建了火车站，为了让火车从山间和河上通过，又建了隧道和壮观的铁路高架桥。今天，**法国的铁路网总长30 000千米，每年运送1.35亿名旅客！**

你知道吗？

当时最大的铁路高架桥（建于1882—1884年，122米高，当时是一项纪录！）是康塔勒省的加拉比高架桥。它是古斯塔夫·埃菲尔设计的！古斯塔夫·埃菲尔也是巴黎埃菲尔铁塔的设计师。

流动的五星级酒店！

1876 年，铁路公司开设了豪华列车。旅客在火车上吃饭和睡觉，可以坐上好几天。**最有名的是东方快车，它从巴黎一直开到君士坦丁堡（后来的伊斯坦布尔）！**

真疯狂！

过去，铁道信号是沿线的铁路工负责传递的。白天，他们摇着旗子；晚上，他们挥动油灯！

一台革命性的机器

蒸汽机是丹尼斯·帕潘和詹姆斯·瓦特于 18 世纪发明的。它如何运作？很简单！用锅炉把水转化为蒸汽。蒸汽比液态水占的空间更大，充满着能量，因此能推动汽缸里的活塞上下运动。活塞运动带动连杆，可以让机器运作、车轮转动。蒸汽机产生的能量大于人力或动物产生的能量。因为蒸汽机的使用，工业和交通在 19 世纪得到很大的发展！

超刁钻的问题！

世界上最快的火车有多快？

时速 574.8 千米！这项纪录由法国 TGV（意为高速列车）自 2007 年起保持至今。

你的出行 — 19世纪

汽车

汽车能诞生全靠全球几十个发明家的努力。汽车让人类在单位时间内去得更远，而且是以从未有过的速度！

这个货车，超级重啊！

1769年，路易十五统治时期，法国人尼古拉·约瑟夫·居纽发明了历史上第一辆汽车——蒸汽驱动三轮汽车。这个巨大的货车有3个轮子，1个**蒸汽锅炉**，能搬运5吨重的大炮！它很重，**不好操作**，速度很慢，很难刹车，在一次实验中，它撞倒了一堵墙！

真疯狂！

一辆比较老式的汽车有30 000到40 000个零件。要组装一辆这样的汽车，还是参考使用说明吧！

1886年：
卡尔·本茨的三轮车，是第一辆安装内燃机的车。

1891年：
第一辆四轮汽车的发明人：戴姆勒、潘哈德和勒瓦瑟。

1895年：
米其林兄弟的闪电快车，是第一辆装上轮胎的汽车。

用气体、用蒸汽、用石油！

整个19世纪，法、德、英等国的研究者都在发明新的车辆，有用电力发动机的，也有用蒸汽或煤气发动机的。1860年到1885年，几位工程师参与发明了一种更轻便的发动机，它更易操作，体积也更小，它就是**内燃机**。今天的汽车仍然在使用内燃机！内燃机的运转依靠当时一种新的碳氢燃料，它是用石油提炼出来的——汽油。有了内燃机，才出现了现代汽车。

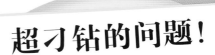

超刁钻的问题！

未来的汽车会是什么样的？

可能没有司机！1986年，一位德国工程师设计了一款汽车，车上装有摄像机和探测器，可以分析路况和障碍。它的最高时速可达130千米！

20世纪的神奇汽车

20世纪，汽车一直在完善，**更舒适也更安全**，有了挡风玻璃（1899年）、安全带（1903年）、后视镜（1906年）、雨刷（1921年）……

1899年：
路易·雷诺的"微型车"，是第一辆车身上面有顶盖的汽车。

1908年：
亨利·福特的福特T型车，是第一辆流水线上大量生产的汽车，其数量超过1500万辆。

你的出行　　19世纪

自行车

2017年，自行车满200岁了！它的雏形是一个德国男爵为了取代马匹而发明的德莱斯式两轮车……很震撼，不是吗？

一台"走得很快"的机器！

1817年，德国男爵卡尔·德莱斯因为燕麦价格上涨，养不起马了。由于需要走得快些，他就想出一个主意，用一辆两轮车代替了马匹，**这辆车的两个轮子用上面可以坐人的木架子连起来。**它靠驾驶者用脚蹬地来前进，一小时可移动超过14千米，基本上是一匹马小跑的速度！德莱斯式两轮车——自行车的雏形诞生了！

超级疯狂的款式！

德莱斯式两轮车获得了成功。它激发了各国机械爱好者的想象！1860年，法国人皮埃尔·米肖在其前轮上装了两根曲棍，只要用脚踩就能让它转弯并使车辆前进，这也是最早的脚踏板！10年以后，英国人詹姆斯·斯塔利造出了"大自行车"：这款自行车前轮巨大，可以跑得更快！

你知道吗？

"大自行车"让很多人摔倒！首先，长度可达2.3米的车身经常歪斜。然后，骑车人经常失去平衡，因为车座有1.5米高，相当于一个13岁男孩的身高！

越来越完善

19世纪末,**钢代替了木头**。1885年,詹姆斯·斯塔利造出的自行车款式跟现代自行车相似,他的自行车有一根链条,两只大小几乎相同的橡胶车轮——车轮里有数根辐条,一个车座,还有可调节方向的车把。要使它完全现代化,就差一个轮胎了……1888年,英国人约翰·伯伊德·邓洛普发明了自行车轮胎,紧接着,1891年,法国人安德鲁·米其林和爱德华·米其林也发明了轮胎!

你知道吗?

最早的自行车车轮是加上铁框的木轮。照明则依赖蜡烛或石油灯。

满足所有喜好的自行车

如今,自行车有几十种款式:美国人发明的山地自行车,用来冲下加利福尼亚的山坡;**小轮自行车**,骑上它可以做各种动作和特技;还有竞赛自行车和卧式自行车……可以满足不同人的喜好!

真疯狂!

时速222千米!这是山地自行车的雪上行驶纪录,这个纪录创造于阿尔卑斯山弧山滑雪场上的山坡,是法国人埃里克·巴龙取得的。这比雷诺Twingo汽车的最大时速还要快!

超刁钻的问题!

自行车什么时候有车铃的?

从1874年起,法国的自行车就必须安装车铃!最早的车铃其实就是铃铛。

未来的出行

睁大眼睛！可能有一天你会在某个城市的街道上看到这些奇怪的车！

飞行汽车

直升机式汽车和飞行式汽车，你会喜欢哪一款呢？第一款，名叫 Pal-V 飞行汽车，已经由荷兰人研制成功。第二款叫飞跃，由美国人发明。**目前，这两款汽车只是模型**，在汽车店里还买不到，不过谁知道呢？说不定过几年就买到了。

环保迷你速可达

这辆电动三轮车名叫高速公路，由法国人发明，2013 年在雷比纳发明大赛中获奖。它折叠后可夹在腋下，用一个插座就能充电了。骑它去学校很不错！

飞行滑板

这块奇怪的滑板在距离地面几厘米的高度飞行，**就像一块飞毯！**它的名字叫马格瑟夫，目前只是实验性仪器，但说不定它在某天会催生飞行滑板！它是靠磁悬浮轨道和磁铁运行的。马格瑟夫由法国人制造，2011 年第一次向公众展示。**它能载重 100 多千克！**

飞行直升机

等你长大后，你**可能会坐**着这架德国人发明的**电动直升机去度假，它的名字叫飞行直升机**。这架直升机有 18 个由电脑控制的旋翼，使用电力驱动。它易于驾驶，操纵杆很像游戏手柄！

飞行摩托车

它是一款巨大的悬浮车，开起来像摩托车！它一般飞得很低，不过有时也能**飞到 3 米高**。它由美国加利福尼亚的一家公司开发，这家公司宣布2017年开始发售这种飞行摩托。

还有……

脚踏式潜水艇

法国工程师研发了脚踏式潜水艇，一种可以**前进、后退、翻滚、旋转**的潜艇……它由连接在脚踏板上的螺旋桨提供动力！2011 年，它在美国举办的潜艇比赛中获胜，并赢得重要奖项！

螃蟹机器人

韩国人制造了螃蟹机器人CR200，用于海底探测，尤其是搜索沉船。它的 6 只脚可以活动，上面装着钳子，能搬起东西放进自己的储存箱里。

未来的出行

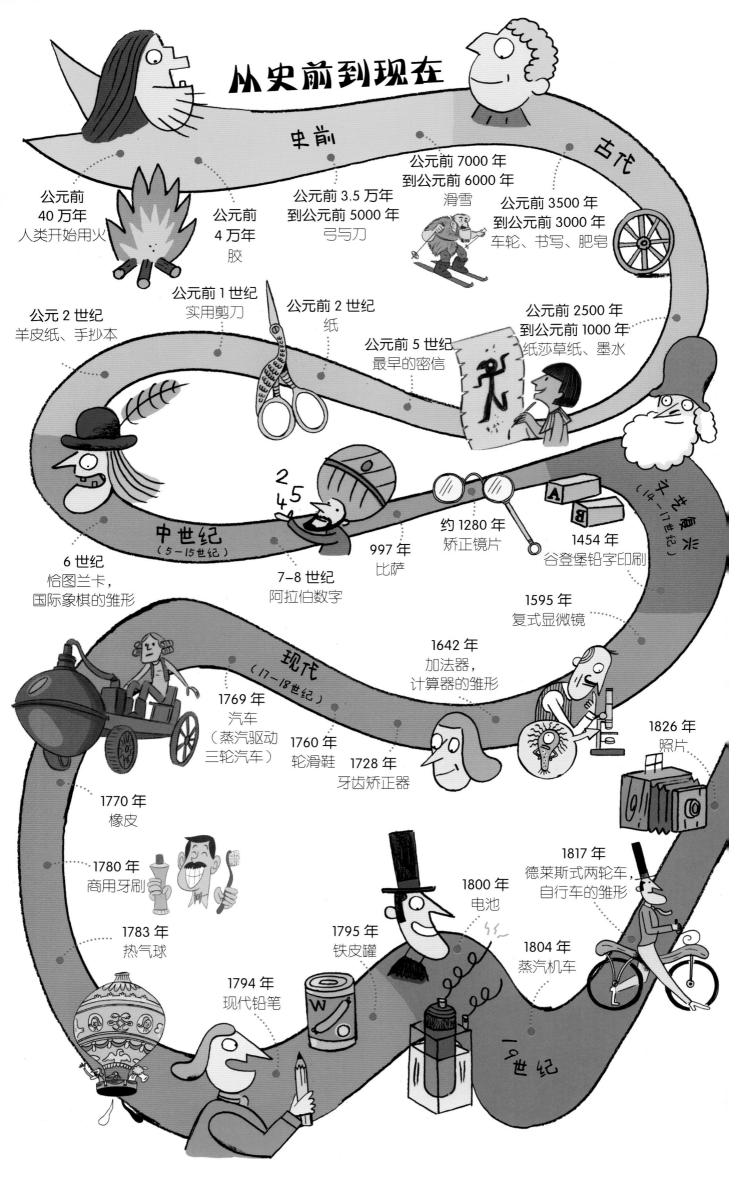

RÉDACTION
Sophie Crépon

ILLUSTRATIONS
Gérald Guerlais : p. 2-3, 6-7, 9, 12, 14-15, 18-19, 22-23, 26-27, 28, 32, 34-35, 38, 40-41, 42, 46-47, 49, 51, 54-55, 58-59, 62, 63, 66-67, 70-71, 74-75, 78-79, 82-83, 86-87, 90-91, 92-93, 94-95.

Laurent Kling : p. 1, 2-3, 4-5, 8, 10-11, 13, 16-17, 20-21, 24-25, 29, 30-31, 33, 36-37, 39, 43, 44-45, 48, 50, 52-53, 56-57, 60-61, 64-65, 68-69, 72-73, 76-77, 80-81, 84-85, 88-89, 92-93, 94-95, 96.

Habillage maquette : Shutterstock.com : p. 18-19, 36-37, 44-45, 56-57, 64-65, 78-79, 90-91.
© Dovile Kuusiene et ©blue67design.

Direction de la publication : Isabelle Jeuge-Maynart et Ghislaine Stora
Direction éditoriale : Stéphanie Auvergnat-Junique et Florence Pierron-Boursot
Édition : Claire Tenailleau
Responsable artistique : Laurent Carré, assisté de Lucie Dromard
Création maquette et mise en pages : Élodie Marty
Révision rédactionnelle : La Machine à mots
Fabrication: Rebecca Dubois

Conforme à la loi n° 49 956 du 16 juillet 1949 sur les publications destinées à la jeunesse.
Toute reproduction ou représentation intégrale ou partielle, par quelque procédé que ce soit, du texte contenu
dans le présent ouvrage, et qui est la propriété de l'Éditeur, est strictement interdite.

图书在版编目（CIP）数据

发明 /（法）索菲亚·克里泊文；(法) 热拉尔·盖尔来，（法）劳伦·克林图；高文潇译. —长沙：湖南少年儿童出版社，2018.9
（拉鲁斯奇趣大百科）
ISBN 978-7-5562-3975-7

Ⅰ.①发… Ⅱ.①索… ②热… ③劳… ④高… Ⅲ.①创造发明－儿童读物 Ⅳ.①N19-49

中国版本图书馆CIP数据核字（2018）第196855号

Original title: *LE TRÈS GRAND LIVRE DES INVENTIONS QUI ONT CHANGÉ TA VIE !*
Copyright © Larousse 2014
21, rue du Montparnasse – 75006 Paris
Text © Sophie Crépon
Illustration © Gérald Guerlais Laurent Kling
Chinese language copyright © 2018 Hunan Juvenile & Children's Publishing House Co., Ltd.
Simplified Chinese edition arranged through Dakai Agency Limited
All rights reserved.

Lalusi Qiqu Dabaike · Faming
拉鲁斯奇趣大百科·发明

总 策 划：周　霞	策划编辑：刘艳彬
责任编辑：万　伦	封面设计：李星昱
版式排版：雅意文化	质量总监：阳　梅

出 版 人：胡　坚
出版发行：湖南少年儿童出版社
地　　址：湖南省长沙市晚报大道89号　邮编：410016
电　　话：0731-82196340　82196334（销售部）0731-82196313（总编室）
传　　真：0731-82199308（销售部）0731-82196330（综合管理部）

经　　销：新华书店
常年法律顾问：北京长安律师事务所长沙分所　张晓军律师
印　　刷：深圳当纳利印刷有限公司
开　　本：889 mm×1194 mm 1/16　　印张：6
版　　次：2018年9月第1版　　印次：2018年9月第1次印刷
书　　号：ISBN 978-7-5562-3975-7
定　　价：49.80元

版权所有　侵权必究
质量服务承诺：若发现缺页、错页、倒装等印装质量问题，可直接向本社调换。

更多精彩好书

《大英儿童漫画百科》

世界三大百科全书之一，6-14岁儿童轻松学习十大知识体系。有趣的漫画故事，好玩的大英百科。

《世界上最酷最酷的科学书》（全19册）

英国麦克米伦出版公司经典科普品牌，全球畅销2500000册，激发幽默感和想象力。

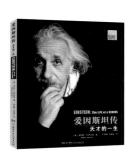

《爱因斯坦传：天才的一生》（插图典藏版）

《史蒂夫·乔布斯传》作者沃尔特·艾萨克森经典之作，诺贝尔奖获得者默里·盖尔曼力荐！近270张尘封照片还原历史真相。

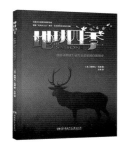

《地球四季》

"纪录片之父"雅克·贝汉同名电影改编，换位思考，体验自然平等，感悟生命价值。

《科学大问题》

入选《环球科学》"科普童书榜"、爱阅童书100榜单。深度思考比埋头苦读更重要！

《昆虫博物馆》

超大幅面全彩手绘，从美的角度诠释昆虫与自然，200多种素描简笔画，融合绘本、百科、艺术、童话的殿堂级作品。

《时间之书》（全3册）

140亿年时间简史、200个趣味横生的谜题，让孩子秒懂爱因斯坦、霍金的时间旅行理论，大开脑洞。

《贪玩的人类》

会玩的孩子才会学！国家图书馆文津奖、科普作协优秀作品奖作品，看爱因斯坦、霍金……这些TOP"玩家"的故事，教孩子怎样玩出成就。

《企鹅冰书：哪里才是我的家？》

《快乐大本营》推荐，前所未见的感温变色图书！冷冻之后，才能阅读！让孩子触摸冰川的融化——关注环保，爱护地球。